不畏**将来**

不念**过去**

活在当下

经得起流年、守得住繁华！

命运掌握在自己手中，谁说这辈子只能这样！

只有忍受了别人不能忍受的忍受，

才能享受别人不能享受的享受！

中国出版集团

中译出版社

图书在版编目（CIP）数据

不畏将来 不念过去 活在当下 / 石磊编著. —北京：
中译出版社，2020.1

ISBN 978 - 7 - 5001 - 6151 - 6

Ⅰ.①不⋯ Ⅱ.①石⋯ Ⅲ.①人生哲学－通俗读物

Ⅳ.①B821 - 49

中国版本图书馆 CIP 数据核字（2019）第 300802 号

不畏将来 不念过去 活在当下

出版发行／中译出版社

地　　址／北京市西城区车公庄大街甲 4 号物华大厦 6 层

电　　话／（010）68359376　68359303　68359101　68357937

邮　　编／100044

传　　真／（010）68358718

电子邮箱／book@ctph.com.cn

策划编辑／马　强　田　灿　　　**规　格**／880 毫米×1230 毫米　1/32

责任编辑／范　伟　吕百灵　　　**印　张**／6

封面设计／君阅书装　　　　　　**字　数**／135 千字

印　　刷／三河市嵩川印刷有限公司　**版　次**／2023 年 1 月第 1 版

经　　销／新华书店　　　　　　**印　次**／2023 年 1 月第 1 次

ISBN 978 - 7 - 5001 - 6151 - 6　　　定价：32.00 元

前　言

　　人的一生不是一帆风顺的，因为前面既没有一条铺好的路等着你去走，也没有固定的方向指引你前进，一切都要靠自己去摸索，经验要靠自己在实践活动中积累。如果等别人、靠别人，那么你可能永远不会走出自己的路，更谈不上做成什么大事。所以，人生路要靠自己走，事要靠自己做，梦想要靠自己去追求，自己选择的路，跪着也要走下去。

　　生活是公平的，不会辜负每一分努力，每一个艰苦卓绝的现在，终将有掌声雷动的未来。努力了，付出了，总会有回报。从一定程度上讲，努力是你活在这个世界的标志和意义，无论怎么无可奈何，你只要放弃了努力，那么就意味着你放弃了自我，放弃了成功，自甘成为一个失败者。相反，如果你选择了坚持不懈的努力和追求，愿意为目标付出一切，不达目的誓不罢休，那么总有一天你会与成功牵手，也必定会获得丰厚的人生回报。

　　事实上，人要做好每一件事，收获每一份回报，就必须去努力，你不努力，谁也给不了你想要的生活。生活不会辜负每一份真诚的付出，但同时自然也不会偏袒无所事事、不求上进的人，你想要过想象中的生活，就一定要拼搏努力，靠自己的努力换取未来。除此之外，别无他法。

所以，即便有一千个理由让我们黯淡沉沦，我们也必须一千零一次地选择追求。坚强地活着，体会生命中每一次心灵的沉痛和改变，回忆往事时，我们也能找到一种安慰：我们在一天天变强。学会坚强和勇敢的追求吧，因为你不坚强，没人替你勇敢，更得不到你想要的生活。所以，当你感到痛苦的时候，不要再哭泣，也不要指望谁来拯救你，自己不懈追求，才能让自己的希望有可能成为现实，让你的付出收获价值万金。

看这本《不畏将来 不念过去 活在当下》，或许对你的人生有所启迪，对你的事业有所帮助。等待就是懈怠，自己选择的路，风雨再大也要迎上去，最终会走出坎坷泥泞的路，迎接你的将是光明的未来。

目　录

第六章　点燃心中激情，把工作当成事业做

第七章　路要靠自己走，人生没有铺好的路等着你去走

第八章　光明由心而生，每个人都会面对一段幽暗的时光

第九章 拥有平和的心态，才能专心地做好眼前的事

第一章
自己选择的路，跪着也要走下去

生活是由无数变数组成的。事情的变化有时很难说是好是坏，但若想把握未来的生活，首先要找一条适合自己的路。在前进中的困难与坎坷面前，我们一定不能把时间浪费在选择前进或后退的挣扎上，既然认准了前方的目标，就一定要勇往直前，哪怕摔出了眼泪，哪怕摔疼了心，也要爬起来，拍拍身上的尘土，继续向前走。

有恒心和毅力才会成功

人人都渴望成功，但成功都来之不易。成功是有阶段性的，每一段的成功都需要"毅力"。在成功者的心中，没有"放弃"，只有"继续做下去"！无论什么工作，有恒心和毅力才会有机会成功。

成功的道路上，泥泞和艰难都在你的行程之中。挫折和坎坷总是难免的，关键是我们要把握好自己的心态，正确地面对困境，能在苦中笑一笑，能把泥泞踩出光明大道的人，才是生活的强者。

英国的伟大诗人弥尔顿，最杰出的诗作是在双目失明后完成的；德国的伟大音乐家贝多芬，最杰出的乐章是在他的听力丧失以后创作的；世界级小提琴家帕格尼尼是个用苦难的琴弦把乐曲演奏到极致的天才。他们之所以有那样的成就，正是因为他们有一颗坚韧的心，处于逆境而不屈服。科学家贝佛里奇说过："人最出色的工作往往是处于逆境下做出的。思想上的压力，甚至肉体上的痛苦，都可能成为精神上的兴奋剂。"其实，"残缺"并不可怕，可怕的是不能够正视现实。

米契尔曾经是一个非常不幸的人。

一次意外事故，把他身上65%以上的皮肤都烧坏了，为此他动了16次手术。手术后，他无法拿叉子，无法拨打电话，也无法一个人上厕所，但他以前曾是海军陆战队员，他从不认为自己被打败了。他说："我完全可以掌握自己的人生之船，我可以选择把目前的状况看成倒退或是一个起点。"6个月之后，他又能开飞机了！

米契尔为自己在科罗拉多州买了一幢维多利亚风格的房子，另外还买了一架飞机及一家酒吧，后来他和两个朋友合资开了一家公司，专门生产以木材为燃料的炉子，这家公司后来变成佛蒙特州第二大私人公司。

米契尔开办公司后的第四年，他开的飞机在起飞时又摔回跑道，把他胸部的12条肋骨压得粉碎，腰部以下永远瘫痪！"我不解的是为何这些事老是发生在我身上，我到底是造了什么孽，要遭到这样的报应？"

但米契尔仍不屈不挠，日夜努力使自己能达到最高限度的"独立自主"，他被选为科罗拉多州孤峰顶镇的镇长，保护小镇的美景及环境，不能因为矿产的开采而使其遭受破坏。米契尔后来又竞选国会议员，他用一句"不只是另一张小白脸"的口号，将自己难看的脸转化成一项有利的资产。

尽管面貌骇人、行动不便，米契尔还是坠入爱河，且完成终身大事，还拿到了公共行政硕士学位，并继续他的飞行活动、环保运动及公共演说。

米契尔说："我的人生曾遭受过两次重大的挫折，我都选择不把挫折拿来当成放弃努力的借口，你们可以用一个新的角度来看待一些一直让你们裹足不前的经历。你可以退一步，想开一点，然后你就有机会说：'或许那也没什么大不了的！'"

这就像一位成功者所说的：苦难本是一条狗，生活中，它不经意就向我们扑来。如果我们畏惧、躲避，它就凶残地追着我们不放；如果我们直起身子，挥舞着拳头向它大声呵斥，它就只好夹着尾巴灰溜溜地逃走。只要你拥有对生命的热爱，苦难就永远只是一条夹着尾巴的狗！

没有一个人命里注定要过一种失败的生活，也没有一个人命里注定要过一帆风顺的生活！你不是为失败才来到这个世界上的，你的血管里也没有失败的血液在流动。你是雄狮，不要听失意者的哭泣、抱怨者的牢骚，这是可怕的瘟疫，不要被它传染。今天的不幸，往往预示着明天的好运。

当你觉得生命像一潭死水，寂静得没有一丝涟漪时，你会觉得生命很无奈；当你遭遇贫穷、失意、挫折时，你会觉得生活很残酷。其实，每个人都有这样的经历，关键是你用什么心态去面对——是甘于认命还是战胜失败。生命只有经历了困苦的磨砺、失败的摔打，才会有雨后的彩虹。

认准了路就不要回头

生活是由无数的变数组成的。事情的变化有时很难说是好是坏，但若想把握未来，首先要设想一条适合自己的路。

一天，有父子三人来到山脚下。父亲手举遮阳，指着远处的峰顶，对两个儿子说："你俩比赛爬这山，上山有两条路，大路平而近，小路险而远。选择哪条路，你们自己定。"兄弟俩思忖后，各自凭着自己的选择踏上了征程。

两个月过去了，一个西装革履的身影出现——哥哥回来了。他骄傲地走向充满期待的父亲，说："我赢了，我赢了！这一路真是春风得意。在坦荡的大路上，我只需不断向前。舒缓的坡度让我走得从容，平整的石阶使我心旷神怡。那里没有岔道让我伤神，没有突出的山石使我绊脚。实践证明，在平坦和崎岖间，只有傻瓜才会放弃平坦，选择崎岖。我获得了胜利！"

父亲慈祥地看着他："你的选择的确聪明，一路也走得十分风光，我的好儿子……"

不知过了多久，又一个身影出现了：弟弟步伐稳健，全身散发着生命的活力。尽管身体瘦削，衣衫褴褛，但他双目炯炯有神，透着聪慧与睿智。他微笑着走向父亲和哥哥，从容地讲起了路上的故事："哦，这是多么有意义的一次旅程！感谢您，父亲，感谢您给了我选择的机会。一路上，陡峭的山崖阻挡了我攀爬的脚步，丛生的荆棘刺破了我裸露的臂膊，疲惫的身心增添着孤独的酸楚。但我坚持下来了，我学会了灵活与选择，学会了机敏与自保，学会了独立与坚韧。路边的美丽景色，使我放慢脚步享受自然的馈赠。在山脚下，我看见山花烂漫，彩蝶翩翩，于是我与山花同歌，伴彩蝶共舞。在山腰，我看见绿草如茵，华木如盖。我拥抱自然的和弦，追逐欢快的节奏。这些是我最快乐的时光，可更多的时候是阴冷浓雾的环抱。放眼望去，黄叶连天，衰草满路，但我在黄叶林中看到了丰硕的果实，从衰草丛内悟出新生的希望。我感觉自己在成熟，一点点地成熟。再往上，是没有一点生机的寒风和石砾，我曾想过放弃，但曾经的美妙温暖着我，启迪着我，给我力量，给我信心，使我忘掉比艰险更艰险的死寂，抛掉比痛苦更痛苦的迷茫。我最终到达了这里！一路上，我阅尽山间春色，也饱尝征途冷暖，为此，我感谢您。"

哥哥的眼中露出不解，但立刻又消失了，他说："可是你输了！"

"是的，"父亲遗憾地说，"孩子，你输掉了比赛……"

弟弟极目远方，脸上露出平和的微笑："但是，我赢得了美好的人生！"

人生就是这样，正因为崎岖，才多了几分韵味，才更显得丰富。平坦纵然快捷，但其收获终究无法与崎岖之丰富相比——人生崎岖往往在于其中包含的智慧和成熟。

人生没有两条完全相同的道路，正如世界之大，却没有两张完全相同的面孔一样，可以相似，甚至惟妙惟肖，但绝不会分毫不差。你可以借鉴前人的人生经验，追寻前人的脚步，但沿途看到的，绝对不会是相同的风景；与你相伴同行的，绝对不会是相同的旅伴，所以面临的也绝对不会是相同的机会。出身的不同、学识的不同、才能的不同以及机遇与性格的不同等，决定了我们各不相同、千差万别的人生道路。踩着别人的脚印前行，你迟早会发现，前方已经没有了路，而你要做的，是在前人没有走过的地方，踏出一条新的道路，一条属于自己的人生之路。

新东方董事长兼总裁俞敏洪说："我们未来生活的一种重要能力，叫作忍辱负重的能力。生活中，我们会遇到很多很多不堪忍受的事情，但是你不得不忍受，因为不忍受就不可能成功。你不忍辱负重，你就没有时间，没有走向未来的空间。如果你想走向未来，最后变得更加强大，就必须给自己留下足够的时间和空间。如果你准备用自己的生命，为一个伟大的目标而奋斗，就必须排除生命中一切琐碎事情的干扰，因此你必须忍辱负重。"

俞敏洪当时在北大教书，却被迫以一种很难堪的方式离开了北大。他选择了创业，从此有了"新东方"。

从一开始的夫妻店，到后来俞敏洪放弃了出国留学的梦想，再到之后的"新东方"的飞速发展，中间经历了无数的磨难。他寻找同盟伙伴徐小平，再到美国去把王强拉回来，3 个人成了"新东方"的核心人物。后来，他又克服了无数困难，升华了无数次，顶住家人和外界的压力，终于把"新东方"发展到了今天的规模。

曾经，俞敏洪在众人面前给母亲下跪，痛哭流涕得像个孩子。母亲走后，他在办公室里摔打东西，有一个笔记本里有他写了两年多的稿子，两年多的心血，他气过头了，摔了。曾经，他在兄弟面前内心苦痛地叫板。曾经，他被别人抬着从医院出来，一边哭一边大声喊："我不干了，我再也不干了……赶紧把公司关了，我再也不干了！"但是，当天晚上 7 点多的课他又照常去上了。曾经，他哽咽着说："如果我的离去能为'新东方'带来成长和进步，我愿意退出，我愿意用我的生命来换取'新东方'。"曾经，面对执意离去的王强，他说："我愿意用下跪这种方式挽留你。"

为什么俞敏洪能做成"新东方"？别人意气用事的时候，他没有；别人有火向他发的时候，他"以柔克刚"。为了"新东方"，他放下了男人的面子和尊严，甚至愿意用一切去换取"新东方"的成长。因为他知道，自己选择的路，即使跪着也要走下去！

不管处于什么年龄、什么境地，我们都不能因一时的气不过而贸然行事。因为这个世界上让你气不过的事情实在太多了，只有你气消了，世界才会在你面前展开最光辉的一面。

屈从于现状，受制于环境的人是弱者，其才华势必要被埋没，因为他不能坚持做自己喜欢的事，不能坚持做自己想做的事。很多人失败都是因为太早选择放弃，殊不知，成功就在离放弃一步之遥的地方。在困难与坎坷面前，我们一定不能把时间浪费在选择前进或后退的挣扎上，既然认准了前方的目标，就一定要勇往直前，哪怕摔出了眼泪，哪怕摔疼了心，也要爬起来，拍拍身上的尘土，继续向前走。

遇到挫折也不会失去信心

生活中，很多人由于无法控制自己的情绪，或乐极生悲，或抑郁难解，极大地影响了自己的判断力。例如，天气不好的时候，有的人就会情绪低落，做什么事情都没有干劲；到了一个陌生的环境，有的人会紧张无措，防卫过度，或者消极逃避；际遇不如意时，有的人会落寞消沉，难以振作，甚至自怜自艾，把所有的不幸都归结于命运。

为人处世如此情绪化，说不定什么时候就会像定时炸弹一样爆发，既伤害别人，也伤害自己，生活注定不会幸福。

英国作家查尔斯·兰姆一生坎坷不平。兰姆15岁的时候就离开学校去工作，以养家糊口，21岁时他因精神失常在疯人院过了6周。

兰姆出院后不久，年长他10岁的姐姐突然发疯，误杀了自己的母亲，被关入疯人院。兰姆不忍心把精神不健康（不过一年里有几天会神经错乱）的姐姐永久关在疯人院里，决心把姐姐接出来，自己终身不娶，以便照顾姐姐一辈子。

对于一个年仅21岁的年轻人来说，这一切都太过沉重了。兰姆每天工作完便回家陪伴姐姐，时而写点文章，挣些稿费，勉强维持生活。他的所有著作都是这样忙里偷闲写出来的。

悲惨的际遇并没有把兰姆击倒，他的《伊利亚随笔》里充满了轻松的俏皮话、双关语，都是他对普通生活的玩味和爱好，他对生活没有一丝一毫的抱怨和厌弃。

他的母亲死后不久，他写信给好友柯尔律治说："我练成了一种不把外界事物看重的习惯——如果我对现在不满意，我就努力让自己有一种宽大的胸怀，这种胸怀支持我的精神。"他姐姐的病好了，他在给柯尔律治的信中说："我决定在这充满了烦恼的悲剧里，尽量得到那可得到的瞬间的快乐。"他又说："我的箴言是'只要一些，就须满足，心中希望能得到更多'。"正如佩特在兰姆的传记里所写的那样：快乐，是面对事物的最佳态度，而兰姆无疑是拥有快乐的人。

兰姆的作品里始终流露出一种人生和谐的精神，故而柯尔律治也称自己的朋友为"心地温和"的查尔斯。

一个人生活得是否幸福，不在于他是否富有，而在于他的心态是否平和、乐观，是否有勇气去面对生活的艰难。

1864 年 9 月 3 日，寂静的斯德哥尔摩市郊，突然爆发出一连串震耳欲聋的巨响，滚滚的浓烟雾时间冲上天空，一股股火苗直往上蹿。仅仅几分钟时间，一场惨祸发生了。当惊恐的人们赶到出事现场时，只见原来屹立在这里的一座工厂已荡然无存，无情的大火吞没了一切。火场旁边站着一位 30 多岁的年轻人，突如其来的惨祸和过度的刺激，使他面无人色，浑身不住地颤抖着——这个大难不死的青年，就是后来举世闻名的大化学家诺贝尔。

诺贝尔亲手创建的硝化甘油炸药实验工厂在他眼前化成灰烬。人们从瓦砾中找出了 5 具尸体，其中一个是诺贝尔正在读大学的弟弟，另外 4 人是与他朝夕相处的亲密助手。5 具烧得焦烂的尸体，惨不忍睹。诺贝尔的母亲得知小儿子惨死的噩耗，悲痛欲绝。年老的父亲也因受了刺激而引起脑溢血，从此半身瘫痪。

惨案发生后，警察当局立即封锁了出事现场，并严禁诺贝尔恢复自己的工厂。人们像躲避瘟神一样避开他，再也没有人愿意出租土地让他进行如此危险的实验。但是，这些失败和巨大的痛苦以及一连串的挫折都没有让诺贝尔退缩。几天以后，人们发现，在远离市区的马拉仑湖上出现了一艘巨大的平底驳船，驳船里并没有什么货物，而是摆满了各种设备，一个青年人正全神贯注地进行一项神秘的试验。他就是在大爆炸后被当地居民赶走的诺贝尔！

大无畏的精神往往会令死神也望而却步。在令人心惊胆战的实验中，诺贝尔没有连同他的驳船一起葬身鱼腹，而是经过多次试验最终发明了雷管。雷管的发明是爆炸学上的一项重大突破。随着当时许多欧洲国家工业化进程的加快，开矿山、修铁路、凿隧道、挖运河都需要炸药。于是，人们又开始亲近诺贝尔了。他把实验室从船上搬回到斯德哥尔摩附近的温尔维特，正式建立了第一座硝化甘油工厂。接着，他又在德国的汉堡等地建立了炸药公司。

一时间，诺贝尔生产的炸药成了抢手货，源源不断的订货单从世界各地纷至沓来，他的财富与日俱增。

然而，获得成功的诺贝尔并没有就此摆脱挫折，不幸的消息接连不断地传来：在旧金山，运载炸药的火车因震荡发生爆炸，火车被炸得七零八落；德国一家著名工厂因搬运硝化甘油时发生碰撞而爆炸，整个工厂和附近的民房都变成了一片废墟；在巴拿马，一艘满载着硝化甘油的轮船，在大西洋航行途中，因颠簸引起爆炸，整艘轮船葬身大海……

一连串骇人听闻的消息，再次使人们对诺贝尔望而生畏，甚至把他当成瘟神和灾星。如果说前次灾难还是小范围的话，那么这一次他所遭受的则是世界性的诅咒和驱逐了。

诺贝尔又一次被人们抛弃了。人们不知道诺贝尔的发明究竟是人类发展进程的福音，还是上帝借他的手进行的惩罚。面对接踵而至的灾难和困境，诺贝尔没有被吓倒，没有被压垮，更没有一蹶不振，他身上所具有的毅力和恒心，使他对已选定的目标义无反顾，坚韧不拔。在奋斗的道路上，他已习惯与死神朝夕相伴。

炸药的威力是那样不可一世，然而，大无畏的精神和矢志不移的恒心激发了他心中的潜能。他最终征服了炸药，吓退了死神，获得了巨大的成功，他一生共获专利发明权355项。他用自己的巨额财富创立的诺贝尔奖，被国际科学界视为一种至高无上的荣誉。

心境平和、乐观、有勇气的人，面对现实的态度是冷静、客观、主动的，他们在困难面前不会屈服，挫折也不会使他们失去信心。相反，他们总是能够在困难和挫折之中寻找到生活的一点光明，发现生活的快乐。

我们需要的正是这种心态，才能在生活和工作中保持前进的步伐。

坚持能让我们收获美丽的风景

人们常说"失败是成功之母"，诚然，成功是对失败的嘉奖，但更是给予坚持者的最高荣誉。在通往成功的道路上，我们往往需要在黑暗中摸索很久才能找到正确的方向，而坚持恰恰是我们在黑暗中高举的火把。

有一个年轻人到一家电器厂去应聘，这家工厂的人事主管看着面前这个身材瘦小、衣着肮脏的小伙子，心里很不满意，随口说道："我们现在暂时不缺人，你一个月以后再来看看吧。"这不过是一种委婉的拒绝，没想到一个月以后，这个年轻人真的来了。人事主管又推辞说："过几天再说吧。"隔了几天，年轻人又来了。如此反复多次，人事主管实在难以忍受，只好直接说出自己的态度："我们工厂对员工的录用要求很严格，你现在的状态是不能被录用的。"

于是，年轻人马上回去，借钱买了一身整齐、像样的衣服穿上，再次去面试。人事主管见他如此实在，经过了解后说："电器方面的知识你知道得太少了，我们不能录用你。"不料两个月后，年轻人再次出现在人事主管面前："我已经学会了不少电器方面的知识，您看我哪方面还有差距，我一项项来弥补。"

这位人事主管盯着态度诚恳的年轻人看了半天才说："我干这一行几十年了，还是第一次遇到像你这样来找工作的，我真佩服你的耐心和韧性。"最终，年轻人得到了这份工作，并通过不断努力成为了电器行业的非凡人物。

这个故事的主人公就是后来松下公司的总裁松下幸之助。

英国著名的哲学家罗素说过，伟大的事业根源于坚韧不拔的工作，以全部精力去做事，面对艰苦不逃避、不退缩。我们每个人在向目的地奔跑的时候，不要忘记大部分的时间是在路上。生命的价值恰恰就在于，我们在这个过程中是否可以坚持下去，将自己锻造成更出色的人。

派蒂在小时候就查出患有癫痫。她的父亲每天早晨都会起来跑步，有一天，派蒂充满兴致地问父亲："爸爸，我也想每天早上和你一起跑步，但是我又害怕我在跑步的过程中病情发作。"

她的父亲温柔地抚摸着她的头发，说道："没关系的，就算你发作了，爸爸也知道怎么应对。我们明天就开始跑吧！"

就这样，派蒂从第二天开始了跑步。不久，她又向父亲说出了自己的心愿：我想打破女子长距离跑步的世界纪录。于是，她的父亲帮她查阅了吉尼斯世界纪录，得知当时世界上女子长距离跑步的最高纪录是80公里。

尽管派蒂有病，但是她对此依然满怀热情和希望，癫痫无法阻止她长跑。

派蒂升入高中的时候，她的衬衫上印着"我爱癫痫"，她穿着这件特别的衬衫一路跑到了旧金山。她的父亲一路陪伴着她，她的母亲则开着旅行车跟着他们，照料他们。

高二的时候，派蒂拥有了自己的支持者，她所在班级的同学拿着特别为她制作的海报为她加油打气，海报上赫然印着：派蒂，跑啊！然而，在前往波特兰的路上，派蒂的脚扭伤了。医生劝她马上停止跑步，并说受伤的脚踝必须立刻打上石膏，否则会造成永久的残疾。

派蒂听了医生的建议后，诚恳地对医生说："你也许不知道，跑步并不是我偶然的兴趣，它是我这辈子最热爱的运动。我热爱跑步也不仅仅是为了我自己，更重要的是向所有轻视我的人证明，身体有残疾的人一样可以跑马拉松。请您想想办法让我跑完这段路程！"

医生很同情派蒂，也很钦佩她的执着，于是表示可以用粘剂将受伤的部位接合，取代打石膏。但是，医生郑重地警告派蒂，这样很容易起水泡，那时一定会疼痛难忍。派蒂没有丝毫犹豫，当即点头答应了。

派蒂终于出现在了波特兰，俄勒冈州州长还陪她跑完了最后一英里。当她到达终点的时候，一条写着红色大字的横幅迎接这位胜利者："超级长跑女将，派蒂·威尔森在17岁生日这天创造了辉煌的纪录。"

高中生活快要结束的时候，派蒂用了4个月的时间，从美国西海岸跑到东海岸，最后抵达华盛顿。总统亲自接见了她，她告诉总统："我想让所有的人都知道，癫痫病患者与正常人没有区别，我们也可以过正常的生活。"

雨果说，世人最缺乏的是毅力，而非气力。事实上，我们做事很少可以产生立竿见影的效果。坚持是一种积极的心态，不仅包含积极的思考、坚定的信心，也包含韧性。当我们在生活的道路上努力前行的时候，唯有坚持能让我们在付出汗水之后，收获美丽的风景。哪怕我们最终因为种种原因没有实现最初的梦想，坚持本身也是一种成功。所以，不要惧怕辛苦、磨难、创伤，用心去感受路途中的困难，它会让我们的毅力闪耀出更加灿烂的光芒。

失败后再坚持就是成功

当遭遇失业、失恋、家人病重等困境时，你会做出怎样的努力？有的人会不断尝试，力图扭转逆境，而有的人则在遭受几次失败之后，就失去了勇气，开始意志消沉，满腹牢骚。或许他们还会说："我已经试过几百次乃至上千次了，但结果还是一样。"

这是真的吗？当然不是，说这种话的人可能只试过八九次，甚至两三次，就被失败吓得不敢再试了。这是因为，人都有逃避痛苦的本能，既然失败是件令人烦恼的事，自然会想要躲开它。但这说明你遭受的痛苦还不够，至少它还没有摆在你眼前的失败可怕，否则别说是几百次，就是真的让你尝试上千次，你也会坚持下去，因为你要摆脱这种痛苦。

如今，肯德基在世界各地都有连锁店，那个穿着白色西服的老人总是笑眯眯地在店门口欢迎每一位顾客，可是，你知道肯德基是怎么成功的吗？在成功之前尝试了多少次呢？

哈兰·山德士1890年9月9日出生在美国印第安纳州亨利维尔的一个农庄，他在6岁那年，父亲不幸去世，留下母亲和他们3个孩子。为了生活，母亲不得不在白天去食品厂削土豆，晚上给人缝补衣服，这样一来自然没有工夫照料幼小的孩子。山德士作为家中长子，肩负起了照顾弟妹、为母分忧的重任。白天母亲不在家，他只好自己做饭，一年过去了，他竟然学会了做20道菜，成了远近闻名的烹饪能手。

12岁那年，母亲再嫁，山德士和继父的关系不是很好，才念到6年级，他就不想读书了，他决定去工作，换个环境。他来到格林伍德的一家农场做工，工作虽然辛苦，但总算能维持个人温饱。此后他换过无数个工作，可以说什么活都尝试过，做过粉刷工、消防员，卖过保险，还当过一阵子兵，后来他还得了一个函授法学学位，使他在堪萨斯州小石城当了一段时间的治安官。

再后来，山德士在肯塔基州开过加油站，经营过饭店，但因种种原因不得不关门。最后，当他不得不变卖资产以偿还债务的时候，连银行存款都一分不剩了，他变得一文不名。

这时，山德士已经 66 岁了，他收到了生平第一份救济金——105 美元。这激怒了他，难道自己已经落魄到只能依靠救济金生存的地步了吗？山德士冥思苦想，该怎么做才能摆脱困境，如今他拥有的最大价值的东西就是炸鸡了，这是一笔巨大的无形资产。于是，他开始了自己的第二次创业，带着一只压力锅、一个 50 磅的佐料桶，开着他的老福特上路了。

身穿白色西装，打着黑色蝴蝶结，一身南方绅士打扮的山德士，停在每一家饭店的门口，从肯塔基州到俄亥俄州，兜售炸鸡秘方，要求给老板和店员表演炸鸡。如果他们觉得炸鸡口味不错，就卖给他们特许权，提供佐料，并教给他们炸制方法。但是，这不是一次性买断，他是要从营业额中提成的。

开始的时候，没有人相信他，饭店老板甚至觉得听这个怪老头胡诌简直是浪费时间。宣传工作进行得很艰难，整整两年，他被拒绝了 1009 次，终于在第 1010 次走进一个饭店时，得到了一句"好吧"的回答。有了一个人，就会有第二个人，在他的坚持之下，越来越多的人接受了他的想法。

就这样，山德士从 66 岁创业开始，经历了 1009 次失败，由于他的坚持，终于建立了令世人震惊的肯德基连锁事业。现在，肯德基在世界各地拥有超过 11000 多家餐厅，这些餐厅遍及 80 多个国家，从中国的长城到法国巴黎繁华的闹市区，从风景如画的索菲亚市中心到阳光明媚的波多黎各。世界上每天有 1000 多万顾客在这些肯德基餐厅品尝着由山德士近半个世纪前研制的炸鸡。

可以这样说，人们或许不知道美国的肯塔基州，但却知道肯德基炸鸡。山德士用一只鸡，为人们的饮食世界添上了丰富多彩的一笔。1009 次失败后才收获成功，这是多么令人震惊的坚韧啊！

我们也能像山德士那样，经历上千次的失败仍然不屈不挠吗？恐怕能坚持个几十次就已经是人中精英了。而在面临这一切的时候，山德士已经是一位年过花甲的老人，年轻的我们能做到像他这样的坚韧吗？

事实上，大多数时候我们不必像山德士那样经历上千次的失败，我们遇到的障碍远没有想象的那么严重，也许只要再坚持一下就好。只要多坚持一下，哪怕就一下，或许我们就可以收获成功。

坚定信心，永不退缩

美国前总统艾森豪威尔的母亲曾对他说："人生好像玩桥牌，无论你手上的牌多么不好，你都要好好地打完这场牌。"这就是一种"永不退缩"的理念。真正有抱负和操守的人，都具备这种品质，这也是他们能够战胜苦难，最终赢得成功的宝贵经验。

美国伟大的推销员弗兰克说："假如你是懦夫，那么你就是自己最大的敌人；假如你是勇士，那么你就是自己最亲密的朋友。"人生路上的风险和困难是一道道必经的沟壑，有时我们可以灵活地绕路而行，但更多的时候，我们注定无路可逃，唯有坚定信心，甩掉自怨自艾的包袱，勇往直前。

很多时候，战胜生活的不是电影里的超人，而是我们内心的希望和勇气。也许眼前的希望渺茫，也许脚下的路非常坎坷，然而勇气和希望带给我们的力量往往超乎想象。哪怕一个人已然一无所有，但只要心中的火焰还没有熄灭，一切皆有可能。

横镇的大奎在高考中名落孙山，看到同学陆续登上开往大学的列车，他的心情跌落到了谷底。接下来的几天，他整天闷在家里，要么对着大树练拳，要么蒙头睡觉。有一天，父亲让他到地里帮忙收红薯。父子俩来到自家的红薯地，那是一片两头高、中间凹的丘陵。横镇四季缺水，大奎一眼就看见中间凹地的红薯叶郁郁葱葱的，于是提着工具过去了。出乎他预料的是，绿叶下刨出的红薯个个"瘦小"，反观父亲在两头高地里挖出的红薯倒是胖乎乎的，大奎十分不解："高地的两头在雨天都存不住水，怎么那么旱的地能长出这么好的红薯，反而湿润的中间凹地下的红薯却如此差劲？"

父亲解释道："咱镇的红薯，越是雨水稀少的旱季反而长得越旺盛，高地两头的红薯因为吸收不到足够的水分，于是拼命地往地下钻，所以它们的叶子长得最小最少；凹地里的红薯虽然水分充足，但红薯这种东西，水一多反而只长叶子不长果实了。"接着，父亲看着大奎说："人也有自己的旱季，但越是旱季，就越是该使劲，因为要努力扎好自己的根。"

父亲一番简短、朴实而又深刻的话，让大奎沉默了许久。他决定回学校复读，结果在第二年顺利考进了一所优秀的大学。

人生的路，就算走得再辉煌，也会有跌入谷底的时候，而此时恰如玩跷跷板时处于低处的状态，若不努力反弹走高，就会一直身处低谷。同时要清楚地看到，一时处于低谷并不意味着永远的绝境，倘若在小小的低谷中颓废跌倒，必然会错过"一览众山小"的壮美体验。

一位年薪千万的女销售员，在一次年终表彰大会上向同事们讲述了自己的经历。

她出生在澎湖湾，自幼父母双亡，被一对好心的夫妇收养，好赌成性的养父在她 15 岁时想要把她卖掉，悲愤的她从家乡逃了出来，只身来到台北，只希望能够掌握自己的命运！她来到台北后，干过十几种不同的工作，打杂、做苦力、当小老板，赚过钱也赔过钱。经过几十年的打拼，她成为了现在这家公司年薪千万的超级业务员。50 岁的她在大会的演讲中说的最后一句话就是："我的挫折感早在年轻时都用光了！"全场同事向她报以最热烈的掌声！

是的，人生就是一场无休止的挑战，失败挫折都是常有的事。有的人也许一出生就是亿万富翁，但也必定会遇到健康等其他方面的考验。没有百发百中的投篮手，没有不遇风浪的捕鱼船，人生就是因为在艰难困苦中昂首挺胸才值得喝彩。

意大利的小提琴演奏家、作曲家帕格尼尼是世界上最著名的小提琴大师之一，是举世闻名的"小提琴之神"和"音乐之王"。但是很少有人知道，这位幼年成名的音乐家是一位从苦难中成长起来的天才。

4 岁时，一场麻疹和强直昏厥症让帕格尼尼几乎丧命；7 岁时，他险些死于猩红热；13 岁后，他患上了严重肺炎，不得不采用放血疗法治疗；40 岁时，帕格尼尼的牙床突然长满脓疮，只好拔掉了大部分牙齿，之后又染上了可怕的眼疾；50 岁后，关节炎、肠道炎、喉结核等病痛吞噬着他的肌体；饱受苦难的他 57 岁就吐血而亡，甚至死后尸体先后遭到了 8 次搬迁。

帕格尼尼的琴声让全世界的人为之疯狂，人们说他的琴弦是魔鬼赋予的力量，所以才魔力无穷。那么，是不是身体的苦难造就了他琴弦上的魔鬼力量呢？帕格尼尼将苦难的过往尽数赋予了琴弦，在琴声中展现了火一样的灵魂。

面对挫折和痛苦，我们唯一要做的是，打败失败与挫折带给我们的烦恼和困难，让生活的坎坷成为铺就人生精彩的垫脚石。

正如几米写过的一段话："掉落深井，我大声呼救，等待救援……天黑了，黯然低头，才发现水面满是闪烁的星光。我总是在最深的绝望里，遇见最美丽的惊喜。"

坚持到底就是胜利

一个人有理想、有勇气，但是并不一定能成功，因为成功不是招之即来的，要想获得成功，就要有一种持之以恒、不达目的誓不罢休的精神。

《离金矿只有三英尺》一书秉承了拿破仑·希尔的核心思想，即"永不放弃"。追求成功，首先要做的是扫除沉积在心底的种种障碍，这样才能坚持不懈，最终寻找到真正属于自己的人生良机。书中的众多格言都是围绕这样的主题，比如，如果一个人还是5年前的老样子，就该深刻反省了。一定是你接触的人有问题，你掌握的知识有问题，或者你的行动有问题。比如，作者借助成功人士之口，说："成功是一条不归路，成功是一种生活方式，你只要活着，就要努力，它没有终点。""你在自己选定的领域能取得多大的成就，要看你能承受多少个'不'的回答。你的承受力越强，成就也会越大……"

这些也正是我们要说明的观点。尽管世上成功的方法有千万种，但有一种却是所有成功者共有的，那就是坚持不懈。

　　刘昌勋的创业史很有点九死一生的悲壮。他们兄弟在同一所中学读书。父母常常因为凑不齐学费唉声叹气。他横下一条心，为减轻家里的负担，决定在中学还没读完的时候便辍学经商，让弟弟一个人上学。那年他 16 岁。

　　但是干什么好呢？他的邻居经营药材，每月有几百元的利润。在他们那里，这是一个叫人眼红的数目。他抱着试一试的心理，买进了 20 元的板蓝根，背到集上去卖，当天全部脱手，赚了 20 元。

　　20 元，在当时对他来说，是一笔大钱。第二天，他将 40 元全投进去，没想到两天之内顺利卖了出去，又赚了 30 多元。两个月下来，他连本带利达到了 500 元之多。

　　但做任何事业都不是一帆风顺的。

　　刘昌勋的叔叔在前线牺牲了，家里得到了 3000 元的抚恤金。他的父亲一直把它存在银行里，无论家庭多么困难，也没有动用它。

　　两个月的节节胜利，使刘昌勋由胆怯变得胆大。经他反复动员，父亲终于把抚恤金从银行里取出来，交给了他。连本带息，加上他那 500 元，凑了 4000 元。他一次性买入一批药材，投入市场。一位顾客仔细辨认后，对他说："你小小年纪，却大大狡诈，学会了瞒天过海。"他委屈地申辩，直掉眼泪。这个顾客见他不是老奸巨猾之人，才告诉他这批药材是榨过汁的，现在只是一堆干柴，没多少药性了。

　　他一听就傻了。他的本金大部分是叔叔的鲜血换来的，一堆干柴便把它全部骗走了。他的第一个反应是找供货商算账，但这个骗子打一枪换一个地方，连续一两个月也没找着这个骗子。他的第二个反应是，也把这堆干柴糊弄出手，赚一元算一元。有个老人与他谈妥了价钱，但在老人数钱的时候，他见老人松树皮一样的手，沟壑一样的满脸皱纹，这么一大把年纪，这笔损失不等于要老人的命吗？他觉得自己还年轻，还有机会重来。于是，他用打火机，把这些干柴全部烧了。

这次失败并没有使刘昌勋萎靡不振，他总结经验，继续奋斗，终于登上了富豪的排行榜。

西方有谚语说："年轻的本钱，就是有时间去失败第二次。"奋斗者，破产只是一时；而不去奋斗，必将贫穷一生。只要你没有失掉勇气，敢于坚持，成功必将属于你。

如果你参观过开罗博物馆，你会看到令人目不暇接的从图坦卡蒙法老王墓挖出的宝藏。庞大建筑物的第二层大部分放的都是灿烂夺目的宝藏：黄金、珍贵的珠宝、饰品、大理石容器、战车、象牙与黄金棺木，巧夺天工的工艺至今无人能及。

可是，如果不是霍华德·卡特决定再多挖一天，这些不可思议的宝藏也许至今仍在地下不见天日。

1922 年冬天，卡特几乎放弃了找到年轻法老坟墓的希望，他的赞助者即将取消赞助。卡特在自传中写道："这将是我们待在山谷中的最后一季，我们已经挖掘了整整 6 季了，春去秋来毫无所获。我们一鼓作气工作了好几个月却没有发现什么，只有挖掘者才能体会这种彻底的绝望。我们几乎已经认定自己被打败了，准备离开山谷到别的地方去碰碰运气。然而，要不是我们最后垂死的一锤努力，我们永远也不会发现这些超出我们想象的宝藏。"

我们的人生曾充满梦想，成功之花几度在你我的心灵深处摇曳，那无限风光就像是在我们眼前。然而很多人因为经历了上一季的荒芜，往往轻率地将下一个春天弃之门外，将梦交还于梦，这梦便永远是梦。奈何！每个人离梦想的距离都是相等的，只要你拥有希望，并不断地坚持下去，你会发现，你离希望的距离越来越近。

　　生命的可贵在于坚持不懈地向自己的目标前进。也许在通向成功的路上你会遇到无数的艰辛与困苦，但是只要再坚持一下，就能收获成功。坚持能带给我们信念，能带给我们自信，能带给我们动力。如果我们能够拥有这份坚持不懈的毅力，就一定会得到命运女神的垂青，最终成就精彩人生。

第二章
生命在于折腾，宁可站着死绝不跪着生

  对大多数人来说，因为看过了世界，才安心在一个地方生活下来；因为折腾过，才最终收获了安心。无论是普通上班族还是企业家，经得起折腾是成功的必备素质。折腾等于体验，亲身体验是最深刻的智慧。如果你发现自己还有某方面的潜能没有发掘出来，那就大胆地折腾吧！生命在于折腾，越折腾越有活力！

坚信"我能行"

你或许思维不够敏捷，才华不如别人；或许衣着简朴，外表比不上别人；或许出身贫寒，财富和社会地位比不上别人……面对这些，你是在强者高大的阴影下痛苦抱怨、自甘平庸，还是跳出黑暗，给自己寻找一片阳光呢？

痛苦是悲观者的影子，心胸坦荡的乐观者则会从容不迫地转过身子，寻找到属于自己的一片灿烂阳光。拥有信心，你的人生才会拥有无限的可能。

世界著名交响乐指挥家小泽征尔，在一次世界优秀指挥家大赛中，按照评委会给出的乐谱演奏，发现其中有不和谐音。一开始他认为可能是乐队的演奏出了问题，于是要求乐队停下来重新演奏，但不和谐音依旧存在。此时他怀疑乐谱有问题，而当时在场的所有作曲家以及评委会的权威人士都予以否认。小泽征尔在深思熟虑后，站起来坚定地说："不，一定是乐谱出错了！"他话音刚落，台下立刻响起了雷鸣般的掌声。

原来，这是评委考核人才的一种方式，他们故意设下陷阱，借此来考验各位指挥者的自信心。他们故意给出错误的乐谱，然后对指挥者的怀疑予以否认，看看谁还能够继续坚持自己的想法。结果，虽然许多指挥者都发现了其中的问题，但是大部分人在被专家否定后就开始随声附和，只有小泽征尔始终坚持自己的正确意见，最终在大赛中夺魁。他的自信来自于专业能力——我能做得到。

人在走向社会之前，就像一张白纸一样，一切都是空白的。但只要你自信，你就可以在上面写下任何你需要的东西。自信，可以说是英雄人物诞生的孵化器，一个个略带征服性的自信造就了一批批传奇式的人物。当然，自信不仅仅造就英雄，也是平常之人成功的利器。缺乏自信的人生，不是完整的人生。

在某个偏远小镇，有个女孩从小就失去了父亲，与母亲相依为命，靠给人做手工维持生计，生活非常艰难。女孩长到 18 岁，还从来没有穿过漂亮衣服，没有戴过名贵的首饰，一直过着贫寒的生活，所以她非常自卑。

在她 18 岁也就是圣诞节那天，妈妈破天荒地给了她 20 美元，让她给自己买一份圣诞礼物。她兴高采烈地跑出去，想到商店为自己买一件称心的礼物，却没有勇气走上宽阔的大路，因为那里人太多，她担心人家瞧不起自己。于是她紧攥着手里的钱，悄悄绕过人群，贴着墙根朝商店的方向走去。

一路上，她不断地偷偷打量路过的人们，觉得别人都比自己过得好，自己是小镇上最贫穷、最寒酸的女孩。当看到一位英俊的小伙子路过时，她想，今晚不知道哪个女孩会幸运地成为他的舞伴呢。就这样胡思乱想着，她终于来到了商店门口，一进门就被那琳琅满目的头花等发饰吸引住了，她从来没见过这么漂亮的东西。在她对着这些东西发呆时，售货员说："姑娘，你的头发真漂亮，如果配上这朵头花一定会更漂亮。"女孩还没来得及看价钱，售货员已经把头花戴在了她的头上，然后拿来镜子给她照。哦，她简直认不出自己了，像是一下子从丑小鸭变成了白天鹅。一朵小花竟有这么神奇的魔力。

看完价格，她毫不犹豫地付了钱，怀着无比激动的心情跑出商店，不料被迎面进来的一位绅士撞了一下。绅士连忙道歉，她已经顾不上这些了，只顾着跑。

她不再沿着墙根走，而是昂首挺胸走在大路中间。当她穿越人群时，人们向她投来羡慕的目光，她听到人们议论说："真没想到小镇上还有这么漂亮的姑娘!"她心里美极了，因为从来没人夸过自己美。当她再次遇到刚才那个英俊的小伙子时，居然听到他对自己说："不知道今天晚上能不能邀请你做我圣诞舞会的舞伴呢?"

她简直心花怒放，心想索性回去，用剩下的 4 美元再为自己买点东西，于是又匆匆跑回商店。这时那位绅士正在门口站着，见她跑过来，大声说道："我知道你会回来的，刚才你出门的时候，把头花撞下来了，我一直在这儿等你来取。"女孩愣住了!

真的是一朵头花弥补了女孩生命中的缺憾吗?其实，弥补缺憾的是她自信心的回归。

真正的自信源于自身，依靠外界建立的自信来得快去得也快。虽然每个人都希望得到别人的赞美，但是那不过是过眼云烟，只有自己相信自己，不断鼓励自己，才会有生生不息的力量，这也是一个人走向成熟的要素。

当然，自信不是盲目的，必须是建立在充分认识自己的基础之上，坚信"我能行"是一种积极的人生态度，激发出你一往无前的勇气和潜能。这种态度加上你的能力，就构成了成功的要素。如今在众多商界领袖讲述的成功要诀中，"我能、我会、我要"等词，言简意赅，很具代表性。它们代表的含义分别是：我做得到，我会去做，我是最棒的。这是自信最本质的含义。

"全力以赴"而不是"尽力而为"

一个人不论从事什么职业、经营什么事业，其过程都不可能一帆风顺，总会遇到这样或那样的困难。很多时候，面对困难，尽力而为还不够，还必须全力以赴。

美国西雅图一所著名的教堂里，有一位德高望重的牧师——戴尔·泰勒。有一天，他向教会学校一个班的学生们讲述了下面这个故事：

那年冬天，猎人带着猎狗去打猎。猎人一枪击中了一只兔子的后腿，受伤的兔子拼命地逃生，猎狗在其后穷追不舍。追了一阵后，兔子跑得越来越远了，猎狗只好悻悻地回到猎人身边。猎人气急败坏地说："你真没用，连一只受伤的兔子都追不到！"

猎狗听了很不服气地辩解道："我已经尽力了呀！"

兔子带着枪伤成功地逃回了家，兄弟们都围过来惊讶地问道："那只猎狗很凶呀，你又带了伤，你是怎么甩掉它的呢？"

兔子说："它是尽力而为，我是竭尽全力呀！它没追上我，最多挨一顿骂，而我若不竭尽全力地跑，那可就要没命了呀！"

泰勒牧师讲完故事之后，又向全班郑重地承诺：谁要是能背出《圣经·马太福音》中第五章到第七章的全部内容，他就邀请其去西雅图的"太空针"高塔餐厅参加免费聚餐会。

《圣经·马太福音》第五章到第七章的全部内容有几万字，而且不押韵，要背诵全文无疑有相当大的难度。尽管参加免费聚餐会是许多学生梦寐以求的事情，但是几乎所有人都浅尝辄止，望而却步。

几天后，班里一个 11 岁的男孩，胸有成竹地站在泰勒牧师面前，从头到尾地背诵下来，一字不漏，没出一点差错，而且到了最后，简直成了声情并茂的朗诵。

泰勒牧师比别人更清楚，就是在成年的信徒中，能背诵这些篇幅的人也是罕见的，何况是一个孩子。泰勒牧师在赞叹男孩惊人记忆力的同时，不禁好奇地问："你为什么能背下这么长的文字呢？"

这个男孩不假思索地回答道："我竭尽全力。"

16 年后，这个男孩成了世界著名软件公司的老板，他就是比尔·盖茨。

泰勒牧师讲的故事和比尔·盖茨的成功给了我们一个启示：每个人都有极大的潜能。正如心理学家所指出的，一般人的潜能只发掘了 2%～8%，像爱因斯坦那样伟大的科学家，也只开发了 12% 左右。人的潜能几乎是用之不竭的，谁要想出类拔萃、创造奇迹，仅仅做到尽力而为还远远不够，必须竭尽全力才行。

生活中，许多成功者在谈到自己的成功经验时，都特别强调全力以赴的精神和积极进取的激情。做事全力以赴占人们的成功概率的九成，剩下一成靠的才是天赋。

要使自己全力以赴地做事，就必须时刻激励自己。德国人力资源开发专家斯普林格在《激励的神话》一书中写道："强烈的自我激励是成功的先决条件。"然而，在工作中，总有人抱怨自己的业绩不突出，晋升不够快，报酬不够多。与其抱怨，不如静下心来想一想："自己在解决问题时想尽所有办法了吗？自己是否真的做到了全力以赴呢？"实际上，很多人失败就在于做事没有全力以赴。

小时候老师告诉我们，有了知识就能拥有一切。长大后当面临激烈的竞争时，我们才知道自己拥有的知识不过是大海中的一滴水而已。

我们可以想象，当一个人在做某件事情的时候抱着尽力而为的态度，他还能成功吗？因为在事情还没有实施之前他已经想好了退路，只要遇到一点阻力他就有可能退缩，甚至就此放弃。

成功者的态度则完全不同——他们全力以赴。做事的时候，只要全身心地投入进去，就不会有跨不过去的坎。因为他们一开始就是以一个成功者的姿态投入到工作当中。

不管是"全力以赴"，还是"尽力而为"，都取决于我们面对挑战时的态度，即人的内因起关键作用，而知识、人脉、机遇、经验、阅历等都是外因。

竞争中永远没有可以懈怠的时间，你稍有怠慢，别人就有可能追上你、超越你、取代你。现实中，有才高八斗而未被重用的人，有满腹经纶总提建议而未被采纳的人，有身居高位却无实权的人，等等。"圣女"贞德说："所有战斗的胜负首先在自我的心里见分晓。"确实如此，每个人的心都需要不断被激励，只有激励才能激起自身的激情和热忱。因此，一个人一旦懂得自我激励，自我塑造的过程也就随即开始。"全力以赴"可以把他塑造成一个不怕困难迎接挑战的英雄。

所以，请全力以赴地去完成自己的任务，坚持做一只拼命奔跑的"兔子"——做最好的自己！

命运就掌握在自己手中

在这个竞争的年代，我们要有积极的人生观，发挥自身最大的潜能，将自己带上高峰，虽死无悔，虽败犹荣。而在整个奋斗的过程中，最大的敌人不是别人，而是自己。尤其是那些过去备受呵护，如今必须独立面对未来的年轻人，他们必须战胜自己的惰性和依赖心理。这两种毛病若不革除，无论你有多优秀，将来也难以成功。因此，要记住：命运只掌握在自己手中，你就是主宰一切的上帝。

有一个登山者，一心想要登上世界第一高峰。经过多年精心的准备，他开始了登山的旅程。他是独自一人出发的，因为他希望自己单独获得全部荣誉。他开始向上攀登，天色已经暗下来。渐渐地，山上已经格外的黑，登山者什么都看不见。因为有云层，月亮和星星都被云层遮住了，伸手不见五指。但登山者依然不顾一切地向上攀登着，仅有几米他就可以到达山顶了，可是他突然滑倒了，并且飞速地跌落下去。在跌落的过程中，他看到的是一群群的黑影，以及感到迅速向下坠落的恐怖。

他伴着极度的恐怖下坠着，他一生中的好与坏，也一幕幕地在他的脑海中出现。

当他一心想着死亡就快要接近自己的时候，忽然间，他感到自己被系在腰间的绳子紧紧地拉住了。于是，他整个人被吊在了半空中，因为有那根绳子拉着他。

上不着天，下不着地，真是求助无门，他一点办法都没有，只有大声呼叫："上帝啊，救救我吧！"

忽然，从天上传来一个低沉的声音："你叫我做什么？"

"上帝！快救救我！"

"你真的相信我能够救你吗？"

"是的，我真的相信！"

"那就剪断系在你腰间的绳子。"

短暂的沉寂之后，登山者决定继续抓住那根救命的绳子。

第二天，搜救队找到了登山者已经冻得僵硬的尸体，在一根绳子上挂着。他的手依然紧紧抓着那根绳子，就在离地面不到一米的地方。

从剪断脐带那一刻起，一个新生命诞生了，每个人只有依靠自己才能获得自由。生命所受的最大束缚来源于生命本身对"绳子"的过分依赖，"你的命运藏在你自己的胸里"，如果你只知道依恋那根"绳子"，那么，恐怕至死你都不会明白为何自己如此不值地离开这个世界。

比尔·盖茨曾经说过："依赖的习惯，是阻止人们走向成功的一个个绊脚石，要想成大事，你必须把它们一个个踢开。只有靠自己取得的成功，才是真正的成功。"

生而为人，就必然要经历成功与失败，而命运永远掌控在自己手中。依赖是对生命的一种束缚，是一种寄生状态。英国历史学家弗劳德曾经说过："一棵树如果要结出果实，必须先在土壤里扎下根。同样，一个人首先需要学会依靠自己、尊重自己，不接受他人的施舍，不等待命运的馈赠。只有在这样的基础上，才可能做出成就。"总是寄希望于他人的帮助，就会产生惰性，失去独立行动与思考的能力，意志力也将被吞噬。

有一天，美国著名成人教育家卡耐基正在家里看书，一个神情呆滞的流浪汉忽然走了进来。他对卡耐基说，他做生意赔了很多钱，打算自杀，正当他想要跳河的时候，他看到了卡耐基的一本书，感觉卡耐基能帮他走出困境，就兴冲冲地找来了。

卡耐基听完他的话后，对他说："我帮不了你，但这屋子里有一个人能帮助你，你想见他吗？"那个人立即抓住卡耐基的手，激动地说："他在哪里？快带我去找他！"卡耐基把这个人带进里屋，让他站到一面镜子前，对他说："这个人就在镜子里。"那个人一看，镜子里只有自己的影子。卡耐基对他说："这个世界上，能让你东山再起的人，就是你自己！"

那个人听了深受启发，告别卡耐基以后，他重新开始创业。两年以后，有一辆豪华轿车停在卡耐基的门前，从车上走下来一位衣着讲究的绅士，他正是当年想要自杀的那个流浪汉。他是来告诉卡耐基，他已经完全依靠自己的努力重新站起来了。

翻开历史，我们可以知道，各行各业的成功人士，早年往往都是贫苦的孩子。成功是排除困难的结果，而生长于安逸环境中的年轻人，时常依附于他人而不懂得靠自己，自小被溺爱的年轻人，习惯躲藏在父辈羽翼下的年轻人，是很少能够成功的。富家子弟与穷苦少年相比，就像温室中的幼苗和饱受暴风骤雨吹打的松树一样，只有那些经受风雨洗礼的大树，才能看见蔚蓝的天空。

日本教育界有句名言："除了阳光和空气是大自然的赐予，其他一切都要通过劳动获得。"许多日本学生在课余时间都要去校外参加劳动挣钱，大学生勤工俭学的例子比比皆是，就连有钱人家的子弟也不例外。他们在饭店里端盘子、洗碗，在商店里当售货员，在养老院照顾老人，或者做家庭教师，以此挣得自己的学费。孩子很小的时候，父母就会给他们灌输一种思想——不要给别人添麻烦。全家人外出旅行，无论多么小的孩子，都要背上自己的小背包。别人问为什么，父母会说："他们自己的东西，应该自己来背。"

曾几何时，我们早已将吃苦的精神丢弃一旁，习惯于依赖别人，等着别人搭好桥、铺好路，再牵着别人的手慢慢通过。殊不知，没有经受过寒流，就不会感受到阳光的温暖；没有经受沙漠的干热，就不会体会到绿洲的清爽。

苦，可以折磨人，更可以锻炼人。学会吃苦，你才不会在困难和逆境面前乱了阵脚，无助地哀叹；学会吃苦，能够让你在奋斗的路上多一分坚忍，多一些从容。

自立自强是成熟的表现

SOHO 中国总裁潘石屹说过："一个人先要有主见，然后才能有远见。这个社会受媒体影响太大，总是人云亦云，如果你天天都被媒体上的新闻缠裹住，就很难了解事情的本质。所以，年轻人一定要独立思考问题，要有自己的主见，自己去探求事情的本质和真相。如果对事物没有洞察力，做任何事情都会比较短视，这样就容易走弯路。"

生活中，每个人的禀赋不同，学习的方式各异，将来的成就也各不相同，但在心智成长上却有着相同的规范可循。

生活所依赖的是能力和智慧，它们是学习和成长得来的。

人生是一个不断成长的历程，我们必须时时刻刻从经验中获得新的启发，让自己的心智不断成长。成长丰富了我们的精神生活，增强了我们的适应能力，相对地也增强了我们的信心和勇气。

成熟需要自立自强。这是自身能力的体现，也是对自身的肯定。汉时少将霍去病曾被人指责："乳臭未干的孩子也敢上战场？"他没有回答，而是单枪匹马地歼灭了众多匈奴人，并发出"匈奴未灭，何以家为"的豪言壮语。他用功绩、用行动自立自强，让别人哑口无言，成为了一代年轻有为的将领，并让自己走向成熟。他用自强与成熟保卫了汉室王朝。

所以，养成独立自主的习惯，将会助你成就一番事业。一个成功的人，从来不会依附于他人。依靠他人只会导致懦弱。力量是自发的，坐在健身房里让别人替我们练习，无法增强自己的肌肉力量。没有什么比依靠他人的习惯更能破坏自己独立自主能力的了。如果你依靠他人，你将永远坚强不起来，也不会有独创力。要么抛开身边的"拐杖"独立自主，要么埋葬雄心壮志，一辈子老老实实做个平庸之人。

爱默生说："坐在舒适软垫上的人容易睡去。"那些总是在等着从父亲、富有的叔叔或是某个远亲那里得到钱的人，那些总是在等着所谓的"运气""发迹"的人，永远无法自立，更不用说获得事业的成功了。

一位伟大的诗人写下了这样的名句："我是我命运的主人，我是掌握我灵魂的船长。"他告诉我们：我们是自己命运的主人，因为我们有力量控制我们的思想。是的，人生路上，一切都得靠自己——靠自己的理解，靠自己的意志，靠自己的追求……我们能做的只有不断努力，我们能依靠的只有自己。

英国著名作家笛福的《鲁滨逊漂流记》中的主人公鲁滨逊喜欢航海和冒险，有一次，他出海途中遇到了大风浪，同伴们都葬身于大海，只有他一个人被冲到了一座荒无人烟的小岛上。于是，他做好了长期在这座荒岛上生活的准备。每天陪伴他的是凶猛的野兽，经过重重困难的考验，鲁滨逊终于生存了下来。更让人佩服的是，在这漫长的 28 年里，他靠着顽强的毅力与信念，竟然把一座荒无人烟的小岛建设成了一个世外桃源。

自立自强是成熟的保障。如果你做任何事都靠别人帮助的话，就难以在社会上立足，会被别人看不起，久而久之，就会发现自己连生存的基本能力也丧失了。周恩来总理一直被人们当作是成熟、自信、冷静的模范。他在回答校长"为中华之崛起而读书"时就已经体现了他独立自主、自立自强的意识。当别人还在为一些琐事而困扰时，他总是冷静思考，积极寻求解决的方法，为中华民族的振兴做出了重大贡献。他将中华民族的自立自强精神推向了高潮，这也使得自立自强这一传统美德得到了更好的彰显。所以，我们要勇敢一点，学会自立自强，用成熟的理性创造生活。

成熟因自立自强而更深刻。不抛弃、不放弃，勇敢地面对生活，勇敢地迎接挑战是 21 世纪的青年人所必备的品质。所有这些品质的核心都可归结为自立自强。我们常对自己说："我们是有作为、自立自强的青年，我们已经长大，我们已经成熟。"这意味着在学习上，我们有自己的见解；在生活中，我们有主见，敢于承担责任，不推诿；在遇到问题的时候，我们敢于面对现实，有自己的想法和主张。

但时下有许多年轻人，有好的学习机会，却不懂得把握，不好好用功，不接受师长的教导，不好好学习各方面的知识，有着虚有其表的自负和不可一世的态度。这些都阻碍了他们心智的成长。蹉跎时光的结果，使他们在往后真正需要独立生活的人生岁月中，在基本能力上和心智上虚弱不实，从而一蹶不振。

当然，由依赖到自立，需要经历生活的磨炼。泰戈尔说："只有流过血的手指才能弹出世间的绝唱。"要想理性成熟必须得经过时间的磨炼与自我提升，经过努力与拼搏，你方能真正地独立自主、自立自强，向别人展示你成熟的一面。

不要把别人的帮助当成一种依赖

在人生旅途中，最重要的生活内容之一是工作，做事业，而有些工作和事业上的事确实需要别人的帮助，但如果把别人的帮助当成一种依赖或寄托，那会让自己养成一种懒惰，不知思考甘当寄生虫的习性，最终凡事拿不起、放不下，一事无成。

约翰·肯尼迪的父亲从小就注意对肯尼迪独立性格的培养。有一次，父亲赶着马车带他出去游玩。在一个拐弯处，因为马车速度很快，猛地把他甩了出去。当马车停住时，肯尼迪以为父亲会下来把自己扶起来，但父亲却坐在车上悠闲地掏出烟吸起来。

肯尼迪叫道："爸爸，快来扶我一把。"

"你摔疼了吗？"

"是的，我感觉站不起来了。"肯尼迪说。

"那也要坚持站起来，你要自己爬上马车。"

肯尼迪挣扎着自己站了起来，踉跄地走近马车，艰难地爬了上来。

父亲挥动着鞭子问："你知道为什么让你这么做吗？"

肯尼迪摇了摇头。

父亲接着说："人生就是这样，跌倒、爬起来、奔跑，再跌倒、再爬起来、再奔跑。跌倒的时候要全靠自己，没人会去扶你的。"

从那时起，父亲更加注重对儿子独立精神的培养，经常带着他参加一些大的社交活动，教他如何向客人打招呼、道别，与不同身份的客人应该怎样交谈；如何展示自己的精神风貌，气质和风度；如何坚定自己的信仰等。

有人问肯尼迪的父亲："你每天要做的事情那么多，怎么有如此耐心教孩子做这些鸡毛蒜皮的小事？"

谁料，肯尼迪的父亲一语惊人："我是在训练他做总统。"

依靠他人的习惯是因为多种因素而产生的，也是日久天长、日积月累形成的。有时这种习惯是十分明显的，但有时却是很难发现的，如果你有下面的习惯，势必要产生依赖的心理：

希望听到别人的赞誉和掌声，否则就会有不被认同感和自卑感；轻诺背信，动不动就放弃计划，但在放弃时新的计划还没有制订；常常按捺不住内心的激动，在冲动中做完事情后又感到后悔；不做预防突发事件的准备，面对突发事件时会紧张无序，拿不定主意，总是征求别人的意见；做事虎头蛇尾，不能坚持到底，也不够专注，总是找借口减轻自己的责任；爱嫉妒，一见别人比自己好就怒气冲天。自己不是扎扎实实地去做事，而是想方设法地走捷径；逃避问题，不论大事小事，只要不涉及自己就熟视无睹，埋头不理；凡事随大流，凡事无主见。

以上的这些习惯只是一些主要的表现，乍一看似乎与依靠他人没有太大的关系，但它引发的后果常常是依靠他人，比如说逃避问题，出现的问题可能不涉及自己，但一旦出现在自己身上，就会变得束手无策，因为自己没有处理这方面问题的经验和办法，就不得不去依靠他人。又如做事虎头蛇尾，总是找借口减轻自己的责任，实际上减轻就是推卸，这种推卸其实就是要依靠他人帮自己承担责任，等等。

我们在生活中常会有这样的发现，许多人都在等待，其中有好多人甚至不知自己在等什么，他们也许会在等某种东西的来临，等待好的运气，等待一件事情的发生，等待有个人会来帮自己一把。这种等待的实质也是一种变相的依靠。

曾有一家大公司的老板，他的儿子大学毕业后，他的秘书跟他说：就让公子到咱们的公司工作吧，熟悉了整个生产流程，今后也好接班啊。可他却说，他准备让自己的儿子先到另一家企业里去工作，让他在那里锻炼一下，吃吃苦。从开始就要养成一切靠自己的意识以后才能自己成就事业。

在父母的溺爱和庇护下，想什么时候来上班就什么时候来、想什么时候走就什么时候走的孩子很少会有出息。只有具有自立精神的人才能给人以力量与自信，只有依靠自己才能长成参天大树。

依靠父母或是指望他人帮助是非常危险的做法。在一个可以触到底的浅水处是无法学会游泳的，而在一个很深的水域里，孩子会学得更快、更好。依赖性强、好逸恶劳是人的天性，而只有"迫不得已"、背水一战的形势下才能激发出我们身上最大的潜力。

因此，只有自己独立思考，独立做事，人的才华和智慧才能被全部调动起来，才会发挥出最大的能量，最终成就自己的事业，扬起生命的风帆。

认识自己才能重塑自己

意大利著名画家阿马代奥·莫迪里阿尼曾经说过："人有两只眼睛，一只用来观察周围的世界，一只用来观察自己。"客观地看待自己，估量自身的能力，是取得成功的前提，也是获得快乐的源泉。

爱尔兰地区有一位只有一只脚的作家，他出生的时候就瘫痪了。直到5岁的时候，他依然无法走路，也不能开口说话，甚至连头、双手和右脚都不能动。5岁那年的一天，他看到妹妹用粉笔在一旁涂涂画画，突然很受启发，于是也学着妹妹的样子，用唯一可以动弹的左脚夹住一支粉笔，在地上勾画起来。就这样，一年以后，他学会了用脚写出26个英文字母。

从那以后，他的母亲开始教他读书识字。他把打字机放在地上，用左脚练习打字。可以想象，他每打一页字要消耗多少精力和时间！但他凭着坚强的毅力，学会了用左脚打字、画画，甚至写作文和写诗。

21岁的时候，他的第一部自传体小说《我的左脚》和读者见面了。16年后，他的另一部小说《生不逢时》也出版了，并一举成为世界畅销书，先后有15个国家出版了他的著作。他的作品还被改编成了电影。

在48年的短暂人生中，他以常人无法想象的毅力，先后创作了5部长篇小说、3部诗集。而这些作品都是他用一个左脚的脚趾一个一个字母敲出来的。

他的名字叫布朗，一位正确认识自己并且找到自己真正价值和人生的作家，他发挥了自己仅能活动的一只脚的优势，铸就了自己不平凡的人生！

对于布朗来说，瘫痪无疑是最大的不幸，但他并没有怨天尤人，而是客观地对待自己的身体现状，凭借着仅能活动的一只脚，书写了自己不平凡的一生。如果他一味地怨恨命运的不公，一蹶不振，不思进取，那么他的人生肯定充满痛苦和无奈，更不用说取得成功了。

在古希腊帕尔索山上有一块石碑，上面刻有这样一句箴言："你要认识你自己。"卢梭曾赞誉这一碑铭："比伦理学家们的一切巨著都更为重要，更为深奥。"只有正确地认识自己，发现自己的优势和不足，我们才能拥有"千磨万仞还坚韧，任尔东南西北风"的执着和坚韧；只有正确地认识自己，我们才能拥有对待生活的坦然和平和；只有正确地认识自己，我们才能获得面对困难和未来的勇气。

著名的漫画家蔡志忠 15 岁的时候，正读初中二年级。他带着投漫画稿赚来的 250 元稿费，只身到台北想闯出自己的一片天地。正在他准备到以电视节目闻名的光启社求职时，求才广告上"大学相关科系毕业"一项条件生生地横在了他的面前，不过他对自己的能力充满了自信，没有将这个学历上的限制条件放在心上，毅然参加了应征。结果，他成功击败了一起应聘的 29 名大学毕业生，成为了光启社的一分子。

后来，他在漫画界的表现令业界人士啧啧称赞，尤其是"庄子说""老子说"系列，更是被译成多种文字，远销很多国家和地区，他也因此成为全台湾纳税额最高的一位作家，他本人对此也十分自豪。

那么，在连初中文凭都没有拿到的情况下，是什么使他有勇气和信心踏入以"文凭闯天下"的社会呢？对此，他说做人最重要的就是要了解自己。有人具备做总统的才干，有人适合扫地。假如适合扫地的人一味以做总统为人生目标，他得到的只能是挫折和痛苦。而对蔡志忠来说，他适合做一个漫画家。他很小就知道自己能画、喜欢画，所以他从 15 岁就开始画，尽早地画，不停地画，终于画出了自己的锦绣前程。这不禁让人联想到巴西的"黑珍珠"贝利，他曾经说："我天生是踢球的，就像贝多芬是天生的音乐家一样。"

生活中并不存在完美的事物，如同花朵一样，有的花香而不艳，有的花艳而不香，有的花又艳又香但却多刺，每朵花都有自己的优点和不足。所以，我们要学会正确认识自己，只有正确认识自己，才能更好地完善和提高自己。

乔叟说："自知的人是最聪明的。"没有自知，便无法自胜，"不识庐山真面目，只缘身在此山中"。认识自己，就要学会跳出个人的绝对视角，以旁观者的眼光分析和审视自己，正视自己的成长过程，这也是和错误失败做斗争的过程，或者是由否定到肯定再到否定的过程，这样我们就能从错误中吸取教训，积累经验，从而完善自身。也只有这样，我们才能看清自己，接纳自己，重塑自己，从而成为理想的自己。

学会经营自己的优点

在广袤无边的大草原上，一只小羚羊忧心忡忡地问老羚羊："这里一望无际，没遮没拦的，我们又没有锋利的牙齿，难道天生就要成为狮子、老虎的腹中之物不成？"老羚羊回答道："别担心，孩子，我们的确没有锋利的牙齿，但我们却拥有可以高速奔跑的腿。只要我们善于利用它，再锋利的牙齿又能拿我们怎么样呢？"

世上万物，各有所长，鸟儿因其翅膀而翱翔天空，鱼儿因其善水而遨游江河，它们依靠自己独有的特长成为万物中的一员，在残酷的生存竞争中占得一席之地。

人生的诀窍同样在于经营好自己的长处。微软公司创始人比尔·盖茨的最高文凭是中学，他在哈佛大学没念完就经营他的电脑公司去了。他是能及早发现自己的长处并果断去经营自己长处的人，因而他成为世界巨富也就不足为奇。

现在很多人很佩服冯仑，觉得这个人能做能侃，很了不起。冯仑不是有了钱才有本事，他是因为有了本事才有钱。

1991 年，冯仑和王功权南下海南创业的时候，兜里总共只有 3 万块钱。3 万块钱要做房地产，即使是在满是经济泡沫的海南也是天方夜谭，但是冯仑想了一个办法。信托公司是金融机构，有钱。他找到一个信托公司的老板，先给对方讲一通自己的经历。冯仑的经历很耀眼，对方不敢轻视。再跟对方讲一通眼前的商机，自己手头有一单好生意，包赚不赔，说得对方怦然心动。冯仑提出："不如这样，这单生意咱们一起做，我出 1300 万元，你出 500 万元，你看如何？"这样好的生意，对方又是这样一个人，有这样的经历，有什么不放心的呢？这位老板慷慨地甩出了 500 万元。冯仑拿着这 500 万元，让王功权到银行做现金抵押，又贷出了 1300 万元。他们用这 1800 万元买了 8 幢别墅，略作包装，一转手，赚了 300 万元。这是冯仑和王功权在海南淘到的第一桶金。对此，冯仑说："做大生意必须先有钱，但第一次做大生意谁都没有钱，在这个时候，自己可以知道自己没钱，但不能让别人知道。当大家都以为你有钱的时候，都愿意和你合作做生意的时候，你就真的有钱了。"冯仑初到海南，尽管没钱，但他总是将自己和公司上下都收拾得整整齐齐，言谈举止让人一眼看上去就很有实力的样子。

懂得经营自己的长处，就有致富的可能。

著名经济学家吴敬琏写过一篇文章《何处寻找大智慧》。文中提到，对创业者来说，无所谓大智慧、小智慧，能遵章守纪，能把事情做好，能赚到钱就是好智慧。

美国国际商业机器公司总经理之子托马斯·沃森，从小就是个末流学生，与其声名显赫的父亲相比，他简直是个猥琐者。他在读公司的商业学校时，各科学业全靠一名家教的鼎力相助才勉强过关。后来他开始学飞行，意外地有种如鱼得水的感觉，发现驾驶飞机对自己来说竟是那样得心应手，这使他信心倍增。第二次世界大战时，他当上了一名空军军官。这段经历使他意识到自己有一个富有条理的大脑，能抓住主要东西，并能把它准确地传达给别人。组织才能使沃森最终继承父业，成为公司总经理，使公司迅速跨入了计算机时代，并使年盈利率在 15 年里增长了10 倍。

由此可见，创造财富的诀窍在于经营自己的优点，找到发挥自己优势的最佳位置。

"尺有所短，寸有所长"，每个人都有自己的优点。假如你能经营自己的优点，就会给自己的生命增值；反之，假如你经营自己的短处，则会使自己的人生贬值。"条条道路通罗马"

"此门不开开别门"，世上的工作千万种，对人的素质要求各不相同，干不了这个可以干那个，总可以找到自己的发展天地。只要你发挥自己的优势，经营自己的优点，就能找到发展自己的道路。

第三章
变被动为主动，等待机遇不如去努力创造

　　无论在任何时候，主动出击都是为自己赢得先机的最佳的方法。处于被动时，主动出击可以让自己变被动为主动；处境良好时，主动出击则可以让自己取得更大的成功。因此，一定要学会在机会到来之前，勇敢、主动、智慧地出击。

　　机遇从来不怠慢人，只有人怠慢机遇。机遇是靠自己争取、创造来的，别人给不了，也等不来。有时机遇看似遥远，其实它就在身边，只要努力，用心去寻找，就会发现机遇就在前面拐角处静静地等着与你相会。但是如果你放弃努力，放弃寻找，就会失去原来属于你的机会。可见，机遇只垂青于那些懂得怎样追求它的人。

顺应时代，捕捉机遇

正如培根所说，许多时候，机遇不是主动送上门的，而是需要人们主动地去寻找和发现。有时机遇的出现比较具有重要的社会性和历史性，例如，我国改革开放后，全国各大中城市造型别致的高楼大厦一座接一座拔地而起，我国迅速进入了一个崭新的知识经济时代。多数人都把日新月异的变化看作智慧和财力的结晶，由衷地赞叹。还有一些人希望能在这场翻天覆地的变化中寻找到自身发展的商机。

以往的高层楼房的供水大都是采用建水塔或在楼顶建水箱，然后再用巨大的水泵提水的办法加以解决。由于水泵扬程有限，太高的楼房送水需要分级提水，不仅投资大、耗能多，而且水质也易受污染，因此有一定的弊端。当时，国外也是采用这种传统的办法给高楼供水的。

一个人从中看到了一个潜力巨大的市场，这个人叫石山麟，是国内一所大学的讲师。在瞄准这个市场后，他果断地辞去了大学讲师的职务，单枪匹马下到街道，开始了"给水革命"的探索。

为了攻克技术难关，他召集了一批工程技术人员，并带领他们夜以继日地研究相关材料、技术、设备，最终成功研制出一套成熟的、经得起市场考验的全自动气压给水设备。这套给水设备体积小，使用简单，更为重要的是效率很高，可以安置在一楼或地下室，一次就能把水送往 50 层高楼，比建水塔或楼顶水箱节省投资 50% 到 80%，而且水质不受污染。

很快，很多驰名中外的建筑物，都改用或一开始就采用了石山麟的给水设备，而且反映良好，石山麟取得了空前的成功。

需要决定市场，石山麟的成功就是顺应时代需要的结果。如果没有市场需求，无论设计出来的东西多高端、多精美，也不会有多少人问津。相反，如果顺应时代需要设计人们需要的东西，人们就会乐意购买你的东西，捧你的场，这样，机遇自然也就会青睐于你。

恩格斯说过："社会一旦有技术上的需要，则这种需要就会比 10 所大学更能把科学推向前进。"人类的发展史证明了这个论断。

认识和利用社会、时代需要，就会催生成功的发明创造和重要的发现。这是因为，任何人都不能主观地选择社会、选择时代，只能在一定的条件下，去认识社会、时代为你提供的条件，进而加以改造和利用。

从这个意义上讲，你顺应社会、时代需要，社会、时代也就宠爱你。

陈章良就是这样一个顺应时需、看准了就干的人。陈章良是美国华盛顿大学生物系植物分子生物学及基因专业博士研究生，曾任北京大学生物系主任、北京大学生命科学学院院长。

1993 年，陈章良出任北京大学生命科学学院院长，这个时候他瞄准社会、时代的需要，构想如何把生命科学的研究推上新台阶，并让新成果以最快的速度进入经济领域。在这个想法的驱使下，他开始分步实施"北大中国生物城"计划，最终取得了一系列在国际领先的研究成果，为学院、为国家赢得了荣誉。

作为国家蛋白质工程及植物基因工程重点实验室的负责人，他主导和承担的多项科技攻关已伸展到世界生物技术的前沿。站在生物科学前沿的陈章良深深懂得技术产业化对中国的意义，他深感"技术如果没有开发，躺在实验室里就永远是技术"，因此，他把开创中国的生物工程产业作为他这一代生物学者的天职。

在顺应时代需要方面，陈章良曾这样说道：

"如今的科学家已不是人们观念中的那种样子了。现代科学是一种广泛交流的科学，特别是搞实验科学尤其需要有将帅之才的科学家，绝不是只躲进小楼，不问天下。不做研究以外的事，几乎就谈不上事业的发展，甚至连实验都可能保不住。"

陈章良是这样说的，也是这样做的，他把自己一天的时间分成了几部分：1/3 的时间在实验室做研究；1/3 的时间用于北大生命科学学院的创建和管理；1/3 的时间用来筹建北大中国生物城，还有不超 6 小时的睡眠。

正如他自己所言，他正是紧盯时代发展的步伐才找到了适合自己发展的专业领域，让自己大展身手的。

显然，与时俱进、主动捕捉发展机会不只是具有高技术人才的专利，普通人也要具有这样的可贵意识，才能让自己顺应潮流的发展，得到机遇的青睐。

不失时机地把握机遇

对于成功，人们疑问最多的是：我有成功的目标和欲望，但机会从哪里来呢？

许多成功学家告诉我们，机遇总是来去匆匆，从不为任何人稍作停留。但这并不是说机遇可遇而不可求，恰恰相反，很多机遇可遇亦可求。所谓可求，就是说每个人都可以为自己制造机遇，机遇也常常会与你不期而遇。而你需要做的事情只有一件：行动起来，时刻准备好。

《大话西游》中有句话说得特别有意思："曾经有一份真挚的爱情摆在我的面前，我没有珍惜，等我失去的时候，我才后悔莫及……"爱情需要机遇，人生也需要机遇，要想成就一番事业，让生命辉煌，更要善于把握机遇。生活中有太多的人抱怨自己运气不好，总是没有机会。其实他们的生活中并不是没有出现机遇，而是当机遇出现时，他们没有好好把握。

美国百货业巨子约翰·甘布士在谈到成功的经验时说："不要放弃任何一个哪怕只有万分之一的成功机会。"在追求事业的征程中，有时稍有疏忽，裹足不前，就有可能与机遇失之交臂。

不失时机、准确地把握机遇，对步入成功之路的你来说至关重要。

有个人某天晚上碰到了上帝。上帝告诉他，有大事将要发生在他身上。他有机会得到很多的财富，成为一个了不起的大人物，并在社会上获得卓越的地位，而且会娶到一位漂亮的妻子。

这个人终其一生都在等待这个承诺的实现，可是到头来什么事也没发生。他穷困潦倒地度过了一生，最后孤独地死去。当他上了天堂，看到上帝时，他很气愤地对上帝说："你说过要给我财富、很高的社会地位和漂亮的妻子，可我等了一辈子，却什么也没有，你是故意欺骗我！"

上帝回答他："我没说过那种话，我只承诺过要给你机会得到财富、一个受人尊重的社会地位和一位漂亮的妻子，可是你却让这些机会从你身边溜走了。"

这个人迷惑了，他说："我不明白你的意思。"

上帝回答道："你是否记得，你曾经有一次想到了一个很好的商业创意，可是你没有行动，因为你怕失败而不敢去尝试?"

这个人点点头。

上帝继续说："因为你没有行动，这个创意几年后给了另外一个人，那个人马上就去做了。还有一次，城里发生了大地震，大半的房子都毁了，好几千人被困在倒塌的房子里，你有机会去帮忙救援那些存活的人，可是你害怕小偷会趁你不在家的时候，到你家里去打劫、偷东西而未去。"

这个人不好意思地点点头。

上帝说："那是你去拯救几千个人的好机会，而那个机会可以使你在社会上得到莫大的尊敬和荣耀!"

上帝继续说："有一次你遇到一个金发碧眼的漂亮女子，当时你就被她强烈地吸引住了，你从来不曾这么喜欢过一个女人，之后也没有再碰到过像她这么好的女人了。可是你认为她不可能会喜欢你，更不可能答应跟你结婚，因为你害怕被拒绝，所以只能眼睁睁地看着她从身旁走了。"

这个人又点点头，流下了眼泪。

上帝最后说："我的朋友啊! 就是她! 她本来应是你的妻子，你们会有好几个漂亮的小孩，而且跟她在一起，你的人生将会有许许多多的乐趣。"这个人无言以对，懊恼不已。

其实，每个人身边都有着很多机会，可是人们却经常像故事里的那个人一样，总是因为种种顾虑而停止了脚步，使得机会悄悄地溜走了。

机遇是给有准备的人的！它像一个美丽而性情古怪的天使，骤然降临在你身边，如果你稍不注意，它又会翩然而去，不管你怎样扼腕叹息。

生活中，时机的把握甚至完全可以决定你是否有所建树。所以，你应时刻准备好，迎接机遇的到来，哪怕这个机会只有万分之一。

笛卡儿患病期间躺在床上休息，无意中看到天花板上的蜘蛛网，于是琢磨着其中的奥妙，创立了新的数学分支解析几何；伽利略看着被微风吹拂而轻轻摇摆的吊灯，发现了灯摆动的定时定律，并由此制成了钟表。在这些看似偶然的机缘背后，是科学家们坚实的知识基础、锲而不舍的探索精神，当然还有他们善思的习惯和敏锐的观察力。

如果说摇摆的吊灯、蜘蛛网中藏着机遇或机缘，那其他研究科学的人为什么会熟视无睹、发现不了呢？也许迟钝就是主要原因，而之所以迟钝，则与知识功底不扎实、缺乏敏捷的科学思维，以及不能专心致力于自己的事业有关。而所有这些知识、思维能力和专心，都离不开一个人长期的锻炼和磨砺。有一句格言说得好："幸运之神会光顾世界上的每一个人，但如果她发现这个人并没有准备好迎接她，她就会从大门里走进来，然后从窗子飞出去。"

偶然的机会只对勤奋工作的人有意义。

流传甚广的奥尔·布尔的一件逸事能够更好地说明这个道理。

这位杰出的小提琴家，多年以来一直坚持不懈地练习拉琴。通过不断的练习，他的技艺早已成熟到后来他出名时的那个程度了，但是他仍旧默默无闻，不为大众所知。

有一次，当这个来自挪威的年轻乐手正在演奏的时候，著名女歌手玛丽·布朗恰巧从窗外经过，奥尔·布尔的演奏使她如醉如痴，她从来没有想到小提琴能够演奏出如此优美动人的音乐，她赶紧询问了这个不知名乐手的姓名。随后不久，在一次影响力极大的演出中，由于她突然与剧场经理发生了分歧，不得不临时取消了自己的节目。在决定安排什么人到前台去救场时，她想到了奥尔·布尔。面对聚集起来的大批观众，奥尔·布尔演奏了一个多小时，就是这一个多小时，使奥尔·布尔登上了世界音乐殿堂的巅峰。对于奥尔·布尔而言，那一个小时便是机遇，只不过，他早已为此做好了准备。

所以，成功的秘密在于，当机遇来临的时候，你已经做好了把握住它的准备。对于懒惰者来说，再好的机遇也是一文不值；对于没有做好准备的人来说，机遇只会彰显他的无能和丑陋，使他变得荒唐可笑。

没有成功会自动送上门来，也没有幸福会自动降临到一个人身上。这个世界上所有美好的东西都需要我们主动去争取。婚姻如此，财富如此，快乐如此，健康如此，友谊如此，学习如此，机会如此，工作如此。

记住，除了你自己，没有人可以阻挡你成功。当你主动的时候，一切将变得容易，世界将变得和谐，人生自然会变得美好。

遇到机会就主动出击

对同一问题的判断可能会有不同的方式，正所谓殊途同归，比如，一台机器出现了故障，工程师能够凭借机械运动理论找出故障的位置，而一位资深的老技工通过仔细听机器运行的声音同样可以正确判断出机器有毛病的位置，这说明，做成事的途径不止一种，同样，成功的路径也往往不止一种。

佛瑞迪是个很懂事的孩子，在暑假将来的时候，他对父亲说："我不想整个夏天都向你伸手要钱，我要找个工作。"父亲想了想答应了。

于是，佛瑞迪开始从广告栏中寻找招工的启示，最后，他找到了一个很适合自己做的工作。广告上说找工作的人要在第二天早上8点钟到达42街的一个地方。佛瑞迪到时已经有20个求职者排在前面，他是第21位。

怎样才能引起考官的特别注意而赢得职位呢？佛瑞迪说，只有一件事可做，那就是动脑筋思索。于是他进入那最令人痛苦也最令人快乐的程序：思索。在真正思索的时候，总是会想出办法的，最终佛瑞迪想出了一个办法。他拿出一张纸，在上面写了一些东西，然后折得整整齐齐，走向秘书小姐，恭敬地对她说："小姐，请马上把这张纸条交给你的老板，这非常重要！"

秘书小姐的直觉告诉她，这个小伙子身上散发着一种高级职员的气质，她把纸条收下了，并立刻站起来转身走进老板的办公室，把纸条放在老板的桌上。老板看了纸条，紧锁的眉头放开了，他大声笑了起来，因为纸条上写着："先生，我排在队伍的第21位，在您看到我之前，请不要做出决定。"

结局怎样呢？结局是：佛瑞迪如愿以偿地得到了那份工作。

在很多事情面前，由于某些原因，我们的胜算并不大，这时就要想办法争取机会，怎样争取机会？一是要有勇气，二是要有技巧。

应该说，遇到机会就主动出击去争取，总会争取到一定的先机，美国历史上最年轻的总统肯尼迪，当年决定竞选总统的时候，很多人劝他："你还太年轻，不如去竞选副总统稳当些。"

肯尼迪经过思考，最后毅然决定主动出击，竞选总统。在竞选过程中，他稳扎稳打，发挥了自己的优势，利用电视媒体充分地向民众展现了自己的魅力，大选结束后，他如愿以偿地成为了美国历史上最年轻的总统。

在恰当的时候，主动出击，去迎接对手的挑战，看似有些冲动和不理智，其实却是最正确的做法。很多杰出的人，他们的成功就来自于自身的果断、雷厉风行的魄力，虽然也有犯错误的时候，但他们能抓住较多的机会，取得的成就因此也更大。

当初，比尔·盖茨决定放弃学业专心开发电脑软件时，曾力劝他的同学科莱特和他一起退学，合作开发财务软件，并向他阐明这是向创业主动出击的时刻。

不过科莱特拒绝了，因为他好不容易来到这里求学，怎么可以轻易退学？更何况那种系统的研发才刚起步而已。所以，他认为要开发财务软件，必须读完大学的全部课程才行。他觉得在大学里也能等到更多机遇。

10年后，科莱特终于成为哈佛大学一个高材生，而退学的比尔·盖茨，也在这一年挤进了美国亿万富翁的行列。当科莱特拿到博士学位之时，那位曾经同窗的青年则已经晋升到了美国第二大富豪。

在1995年，科莱特终于认为自己已经具备足够学识，可以研发财务软件时，比尔·盖茨已经绕过原有系统，开发出新的财务软件，其速度比之前的系统要快1500倍，而且在两周之内，这个软件便占领了全球市场。这一年，比尔·盖茨成为世界首富。

坐等时机的结果一是可能失去机会，二是会卷入激烈的竞争中，只有主动出击才能让我们变得主动，因为只有选择进攻我们才会有改变现状的可能。完美的机会永远不会投怀送抱，更多的时候还需要我们主动出击为自己创造机会。在主动出击的过程中，会出现很多变量，在这些变量中，我们就能发现一个又一个良机。

无论在任何时候，主动出击都是为自己赢得先机的最佳的方法。处于被动时，主动出击可以让自己变被动为主动；处境良好时，主动出击则可以让自己取得更大的成功，因此，一定要学会在机会到来之前，勇敢、主动、智慧地出击。

适合自己的才是机遇

显而易见，同样的机会不一定适合所有人，有的机会适合张三，适合李四，唯独不适合王五。如果王五不服气，一定要抓这个机会，那么对他来讲，这个机会可能是祸而不是福，所以说，当选择职业目标时，一定要先定好自己的位置，然后再去选定。只有适合自己情况的机遇才是真正的机遇，反之则不是。

在社会的喧嚣中，在别人的影响下，许多人迷失了自我，看不清自己真正的位置，总是按照别人的看法、受别人的影响设计自己的人生，让自己"生活在别处"。显然，这样的出发点是不对的。

一般人总是认为，投身于时下最为热门的行业，总不会错，或者是跟着别人走也不会错，但等他们花尽毕生的力气追求之后，才恍然大悟，原来自己真正应该做的事情没有做，自己所追求的很多热门行业根本不适合自己，或者根本就没有意义。

在美国的一个小酒吧里，一位年轻小伙子正在用心地弹奏钢琴。说实话，他弹得相当不错，每天晚上都有不少人慕名而来，认真倾听他的弹奏。一天晚上，一位中年顾客听了几首曲子后，对那个小伙子说："我每天来听你弹奏，那些曲子我熟悉得简直不能忍受了，你不如唱首歌给我们听吧。"

这位顾客的提议获得了不少人的赞同，大家纷纷要求小伙子唱歌。然而，那个小伙子面对大家的请求却变得腼腆起来，他抱歉地对大家说："非常对不起，我从小就开始学习弹奏乐器，从来没有学过唱歌，恐怕会唱得很难听。"那位中年顾客却鼓励他说："小伙子，正因为你从没唱过歌，或许连你自己都不知道你是个歌唱天才呢！"此时酒吧的经理也鼓励他，免得扫了大家的兴。

小伙子认为大家想看他出丑，于是坚持说只会弹琴，不会唱歌。酒吧老板说："你要么选择唱歌，要么另谋出路。"小伙子被逼无奈，只好红着脸唱了一曲《蒙娜丽莎》。哪知道他不唱则已，一唱惊人，大家都被他那流畅自然、韵味十足的唱腔迷住了。

在大家的鼓励下，那个小伙子放弃了弹奏乐器的艺人生涯，开始向流行歌坛进军。这个小伙子后来成为了美国著名的爵士歌王，他就是著名的歌手纳京高。要不是那次被逼无奈地开口一唱，纳京高可能一直坐在酒吧里做一个二流的演奏者。

物放错了位置成为废物，而人才放错了位置则变成庸才，其实有很多人旅途是要南下的，但是见车来了也不问是去哪里的就上去了，这样就可能被带到了别处。可见，机会不是跟谁都会带来益处的。

所以，一个人要寻找机遇，首先是要做好准备，其次还要对机遇进行鉴定和分析，不要认为机会来了不问青红皂白先抓住再说，那样做很可能是不但害了自己还耽误了别人，因此要搞清楚机遇是适合自己的，可以让自己增值，然后再努力去争取。

通常可通过如下几个方法来实现对机遇的鉴定。

第一是对机遇进行分析，包括对它适合的行业、专业、性别、年龄、前途年限等的考查。

第二是看它对入行的人的素质要求是什么。如果自己不具备机会所要求的素质，就要果断地放弃这个机会。

第三是要确定通过学习能够适应。有些工作有个积累和培养的过程，如果能确定自己通过学习和培训能够适应新工作，那么可以将之视为挑战自我、提升自我的机遇。反之，则要考虑放弃。

总之，适合才是最好的，不适合，再好的机遇也不是你的"菜"，要果断放弃。只有那些适应自己实际情况的机遇才是你的"菜"，才能"营养"你，也才值得你努力争取。

抢时机，靠速度

有的机会是有时效性的，正因为它有时效性，所以先抓住它就相当于抓住了成功的先机。所谓时效性，明白地说就是过时不候。比如，在某海岸城市，有一个著名的岛屿景点，岛上风光无限。海岸和岛屿之间相距不远，但却风大浪急，摆渡船只无法通过，游人要去岛上观光，要等到海水落潮时，届时，岸边到岛上会露出一条神奇的通道，游人可边在通道捡美丽的贝壳边上岛，可是，这条通道的露出是有时间限制的，待到海水涨潮时，它就会被淹没，这就是说，如果要去岛上观风，就要抓住退潮的机会，这就是机会的时效性。

在现代，抓住机遇、获得成功就要注意对时间的把握。从一定意义上说，时间意味着能否成功，谁能够最先想出好的主意，并将主意加以实施，谁先一步抢占市场，谁的收益就大，利润就高。有时，同样一个机遇既可以属于你，也可以属于他，这就有一个看谁捷足先登的问题了。

要捷足先登，就要靠速度，所谓兵贵神速。有人把机遇比作搭车，这一班车来了，一定要抓紧时间，赶快挤上去。至于下一班车什么时候到，只有天晓得，也许永远等不来了。

有这样一个耳熟的寓言故事：

有两个猎人坐在一起等待猎物的再现，一会儿天上飞过来一群大雁，这时本应该是拉弓搭箭的时候，可他们俩却讨论起如果猎到大雁将把它们怎样吃的问题来，他们一个说烤着吃，一个说煮着吃，当他们取得了一个一致意见时，大雁已经飞得无影无踪了。这也是一个错过机会时效性的例子。

某报曾经记述了林语堂博士当年的一个故事。

有一天，一位先生宴请美国名作家"赛珍珠"女士，林语堂也在被请之列，于是他就请求主人把他的席次排在"赛珍珠"之旁。席间，"赛珍珠"知道座上多是中国作家，就说："各位何不以新作供美国出版界印行？本人愿为介绍。"

座上人当时都以为这是一种普通敷衍说词而已，未予注意，唯独林语堂当场一口答应。归而以两日之力，搜集其发表于中国之英文小品成一巨册，而送之"赛珍珠"，请为斧正。"赛珍珠"因此对林语堂印象甚佳，其后乃以全力助其成功。

据说，当日座上客中尚有吴经熊、温源宁、全增嘏等人，以英文造诣而论，均不在林语堂之下，如果在事后，他们能像林语堂那样认真，把作品送给"赛珍珠"，委托其帮助出版，那么，也极有可能像林语堂那般在美国取得成功。

由这个故事看来，一个人能否成功，固然要靠才能，要靠努力，但善于把握时机，不因循、不观望、不犹豫，想到就做，有尝试的勇气，有实践的决心，也是非常重要的。多少因素加起来才可以造就一个人的成功。有的人说成功源于一个很偶然的机会，但认真想来，这偶然机会的能被发现，被抓住，而且被充分利用，却又绝不是偶然的。

另一个引自外国的故事也可以说明把握机会的重要性。

一位知名哲学家天生有一股特殊的文人气质，可能光顾着研究学问了，人到中年还没娶妻。某天，一个女子慕名前来向他求婚，女子对他说："让我做你的妻子吧！错过我，你将再也找不到比我更爱你的女人了！"哲学家虽然也很中意她，但出于本能回答说："让我考虑考虑！"

事后，哲学家用哲学的观点，将结婚和不结婚的优劣所在分别条列下来，才发现好坏均等。于是，他陷入长期的抉择困惑之中，无论他又找出了什么新的理由，都只是徒增选择的困难。最后，他得出一个结论——我该答应那女人的请求。

于是，哲学家来到女人的家中，向女人的父亲说道："老人家，我是专门来向你女儿求婚的，这是她事先向我提出的，我今天来是允诺来的。"女人的父亲冷漠地回答："你来晚了，我女儿现在已经是三个孩子的妈妈了！"

哲学家听了此话，后悔不迭，他万万没有想到，向来自以为傲的哲学头脑，最后换来的竟然是一场悔恨。而后二年，哲学家抑郁成疾，临死前，他将自己所有的著作丢入火堆，只留下一段对人生的批注——如果将人生一分为二，前半段的人生哲学是"不犹豫"，后半段的人生哲学是"不后悔"。

徘徊观望是我们成功做事的大忌。许多人都因为对已经来到面前的机会没有信心，而在犹豫之间把它轻轻放过了。"机会难再"，即使它肯再来光临你的门前，但假如你仍没有改掉你那徘徊瞻顾的毛病的话，它照样要溜走。

假如我们要去赶路，有车搭则搭车，无车搭则走路，总之，你要到达目的地，你就要行动，否则你就无法到达目的地，或者说是因时过境迁，你再到目的地时也无任何意义了。

正所谓"机不可失，时不再来"，有了机会就有了成功的希望，但前提之一是必须要能切实地抓住它，它才能为你所用。

在小事中发现你的机遇

荀子在《劝学篇》中说"不积跬步，无以至千里；不积小流，无以成江海"。这告诉我们世间一切大事业、大成就都是由无数的小事积累而成的。没有一砖一瓦，不可能盖成摩天大楼；没有一针一线，不可能织成华美锦服；没有一点一滴的小事，也不可能造就伟大的事业和成就。然而，快节奏的现代生活令人们大多急功近利，一心只想做大事、赚大钱，对小事不屑一顾，对小钱嗤之以鼻。其实大多数的企业家和成功人士并不是一开始就做成大事、赚到大钱的，而是从小职员、小伙计做起，一步一个脚印，脚踏实地、日积月累，才最终创造出辉煌成就的。

沃尔玛公司总裁萨姆·沃尔顿的父亲是一名贫穷的油漆工，当初沃尔顿就是靠着微薄的打工收入念完高中的。这一年，他有幸被美国著名的耶鲁大学录取，但他却因交不起学费，面临辍学的危机。于是，他决定利用假期像父亲一样外出做油漆工，以挣够学费。他到处揽活，终于接到了一栋大房子的油漆任务。尽管主人很挑剔，但给的价钱不低，不但够缴一学期的学费，甚至连生活费也有了着落。

这天，眼看即将完工，他把拆下来的橱门板涂完最后一遍油漆，然后将涂好的一块块橱门板再支起来晾干。这时，门铃响了，他赶紧去开门，不想却被一把扫帚绊倒，绊倒的扫帚又碰倒了一块橱门板，而这块橱门板正好倒在昨天刚粉刷好的雪白的墙面上，墙上立即有了一道清晰的漆印。他立即把这条漆印用切刀切掉，又调了些涂料补上。

一切干好后，他左看右看，总觉得新补上的涂料色调和原来的墙壁不一样。想到挑剔的主人，为了那即将得到的酬劳，他觉得应该将这面墙用涂料重新再粉刷一遍。

终于，他累死累活地干完了，可第二天一进门，他又发现昨天新刷的墙壁与相邻的墙壁之间的颜色也有色差，而且越细看越明显。最后，他决定将所有的墙壁重刷……

最后，就连那个挑剔的主人也对他的工作很满意，付足了他的酬劳。但是这些钱对他来说，除去涂料费用，已经所剩无几，根本不够交学费了。

屋主的女儿不知怎么知道了事情的原委，她将事情告诉了父亲。她父亲知道后很是感动，在女儿的要求下，他同意赞助沃尔顿上完大学。．

大学毕业后沃尔顿不但娶了这个屋主的女儿为妻，而且还进入了这个人的公司上班。十多年以后，他成为了这家公司的董事长。

沃尔顿的成功经历正像美国通用电气公司前董事长韦尔奇说的：一件简单的小事所反映出来的是一个人的责任心，工作中的一些细节唯有那些心中装着大责任的人才能够发现，能够做好。事实验证了韦尔奇的这个说法。

32 岁的汤姆·布兰德成为美国福特汽车公司最年轻的总领班，这在号称"汽车王国"的福特公司真可谓是一个奇迹。那么这个制造厂的杂工出身的年轻人究竟是凭借什么脱颖而出，达到这个令人羡慕的事业高峰的呢？其实答案很简单，那就是——做好每一件小事。

汤姆 20 岁进入福特公司，开始时只是一个极普通的打杂工人，做的几乎都是零碎不起眼的小事。但汤姆从来没有怨言，而是认认真真地做好每一件小事。一年半的杂工之后，他主动申请调往汽车椅垫部工作，将制作椅垫的技术全部掌握之后，他又陆续申请到电焊部、车床部、喷漆部等部门工作，不到 5 年的时间，他一点一滴地学会了几乎整个汽车零件的琐碎工作。最后，他申请调往装配部门工作。由于他熟知汽车的每一个零件和步骤，因此，他在装配线上大显身手，很快得到了上司的注意并把他升为领班。福特公司共有 13 个部门，每个部门的职能和工作性质都不相同，而汤姆几乎到每个部门都工作过，从而熟悉了各个部门的工作内容和性质。后来由于他对所有部门的业务都很熟悉，又升为 15 位领班的总领班，成为福特公司内一位有发展前途的人。

在工作中，几乎没有一件小事是可以被忽视的。事业大厦的根基在于无数个不起眼的小事，而这些小事做成功了，才能够建造最稳固、最牢靠的事业大厦。汤姆·布兰德正是从无数的平凡的事做起，并努力将它们做好，才达到了他人生事业的高度。

实际上，事并无小事和大事之分，事与事之间都是相关联的，没有小螺丝钉，就建不成大飞机，同样也建不成航空母舰。有的人不屑于做小事，不是他做不了，而是他的思想在作怪，而做大事又没做成，所以一辈子碌碌无为，终生也没做成一件"大事"。

而有的人着眼于小事，踏踏实实、勤勤恳恳地做好每一件小事，最后提高了才能，赢得了机遇，获得了人生和事业的成功。所以，养成愿意并乐意做小事的习惯，用高度的热情和耐心对待生活和事业中的每一件小事，用心地做好每一件小事，机遇必然会垂青于你，你也必定能够取得成功。

起转机作用的是心态和付出

在学习研究的过程中，一次偶然的机遇，导致了伟大而深刻的发现，使科学家因此成名；一个突如其来的机遇，使有的人大展才华，干出了一番惊天动地的事业，从而名垂青史；甚至一次意外的事变，竟影响了一个人的整个生涯，对他的发展起着转机作用……凡此种种，在实际生活中都是常有的。

日本经济团体联合会头面人物土光敏夫就是如此，他从高等工业学校毕业后，到一家新成立的造船公司任工程师，负责为巴西建造两艘高速货轮。交货后，由于巴西引水员领航出了错，一艘货轮出港时撞在码头上，但只造成货轮轻微损伤，货轮次日仍正常起航。

谁又能料到，竟是这一偶然的事故使日本造船业声威大震，订货者纷至沓来，仅 10 年工夫，日本造船业就打进了世界造船市场。当时世界上 10 艘货轮中就有 8 艘是日本货。后来土光敏夫被巴西请去创建造船业。很明显，土光敏夫后来能登上统领日本经济界的宝座，也和这次事故有很大关系。

披着神秘外衣的"机遇"，给人生涂上了很多扑朔迷离的色彩。它常常不期而至，不告而别，稍纵即逝。你一心等它，可能长期不见其踪影；而你不去想它，又可能"时来运转"，受到它的光顾。所以，有的人常常把自己能否碰到好的机遇，归结为"运气"，有的甚至归之为"命运"。其实，机遇虽然难料，但它也不是命运之神操纵的。

对于机遇的把握，有人归于运气的好坏，例如有人确有劳动时挖出金条、捡到钻石等可遇不可求的好运气。但这只是非常个别的情况。把握机遇更要靠我们自己的努力。伟大的音乐家贝多芬一生穷困潦倒，在爱情上屡遭不幸，成年后又遭逢耳聋的厄运，但他能够扼住命运的咽喉，终于成为一代"乐圣"，他所凭靠的，正如他在给一位公爵的信中所说："公爵，你之所以成为公爵，只是由于偶然的出身，而我成为贝多芬则是靠我自己。"

弱者等候机遇，而强者创造机遇。机遇虽受各种因素的综合影响，但不管如何，有一点是可以肯定的，那就是经过个人的努力，机遇是可以把握的。

有一家食品厂登出了招聘启事,许多人得到消息,纷纷赶来应征。

考核的时间还没到,外面却下起了雨,这时在外面急着将货品搬上车的工人跑了进来,向招聘的负责人求援,希望能找几位应聘的人到仓库帮忙。人事主管于是向大家询问:"有没有人愿意帮这个忙?"

这时,许多前来应聘者认为这正是表现的大好时机,于是纷纷表示愿意,他们来到要装车的货物跟前,争先搬货。过了一会儿,厂长来到仓库,发现这么多人聚集在这里,立即找来负责的人问明原因,负责招聘的人便如实告知。没想到厂长却大发雷霆,怒斥道:"我不是说过了,要再过一段时间才招聘吗?"

这时正愉快地帮忙搬货的应聘者们听见厂长这么说,不少人当场发火说:"这么说来,你们不是在骗人吗?搞什么名堂啊!"

他们气愤地说着,并气呼呼地将手上的货物随手一扔,还有许多人干脆就走了。此时,雨越下越大,仓库的负责人眼看着货物全堆在外面,焦急地请求他们帮忙,并允诺会给予报酬,应聘者说:"我们是来找工作的,不是来干零工的,我们可不能为你们在这里挨雨浇。"说完一轰儿都走了。只有一个人在大家的嘲笑声中留了下来。

货物搬完后,这个人也没提报酬的事就往大门走去。然而,就在这个时候,人事主管忽然跑了过来,用力地握住他的手说:"恭喜你,你已经通过本公司的考核,请你明天就来报到上班吧。"

这个年轻人听得满头雾水,正在纳闷时,只见厂长站在前方,用赞许与肯定的目光,向他点头致意。

这位求职者之所以还没有经过面试就被厂方聘用的原因在于

他用实际行动证明了,他是为了工作和责任而来应聘的,这与其他人只为了找活而应聘不同。

毕竟,在有求于人的情况下,大家都会尽量表现出卖力、讨好的一面,然而,这些人只顾及一己之私,却不会为别人着想,这样的人自然也不会尽心尽力为公司付出。因此,在这个考验的过程中,老板清楚地看见多数人刻意的"企图",如此一来,更加突显出那个年轻人良好的职业素质,也正因为如此,他赢得了工作的机会。

换个角度看工作吧!相同的事在不同的人的手中,必定会有不同的结果。而这个"不同"则在于你的态度和付出!西方有句谚语说得很好:只要你不嫌弃那是一块泥土,你就能让它变成黄金。让泥土变成黄金的关键,不是幻想,也不是魔法,而是你面对它的时候所持的态度,以及你的付出。

第四章
为梦想去奋斗，成就梦想就要比别人付出更多努力

一个人的生活本质上只能属于自己，它完完全全是个人的。外人可能会安排我们的未来，但是只有我们自己才有决定权。如果你希望拥有多彩多姿的人生，就得对人生有所期待，这种期待就是你要实现的人生梦想。

用成功学大师希尔的话说：成功很简单，它只需两样东西：一个是勤于思考的大脑，一个是勤劳的双手。如果你认为你也勤于思考了，你也有一双勤劳的手，最终却还是没有获得成功，这个答案就更简单了，因为你勤劳的程度还远远不够！成功意味着一种超越，你只有付出远远超过别人的努力，你才有资格实现这种超越。

"脚踏实地"朝梦想走去

"成功的花儿，人们只惊羡它现时的明艳！然而当初它的芽儿，浸透了奋斗的泪泉，洒遍了牺牲的血雨。"正如冰心所说，梦想之花需要汗水的浇灌才能成长。

2013年热映的电影《中国合伙人》中，成东青在给学生阐释梦想时，这样说道："梦想是什么？梦想就是一种让你感到坚持，就是幸福的东西！"倘若将生命比喻成一粒人生梦想的种子，那么汗水便是浇灌它发芽、成长、成熟的养分。

一位哲人说："如果你期望真正的生活，那就不要到遥远的地方，不要到财富和荣誉中去寻找，不要向别人乞求，不要向生活妥协，不要向苦难和困境低头。幸福和成功只靠我们自己，自己的智慧，自己的勤奋。这种幸福和成功就是勤奋的恩惠，就是命运的赏赐。"

所以，对于肯挥洒汗水的人而言，路并不稀缺。勤奋磨砺人生，历经千辛万苦后，丑小鸭终究会变成白天鹅，你的命运会发生质的改变。

2008年北京奥运会上，李宁作为主火炬手，被开幕式组委会要求在空中跑出和在地面上一样的效果，时间是2分50秒。对于当时已经45岁的李宁来说，这无疑是一次巨大的挑战。

然而，他深知这次活动的重要性，同时也为了圆自己的梦，他拿出了当年勤奋和拼搏的劲头，每天从早上练到晚上，从地面练到空中。在训练的过程中，他常常出现周身酸疼的现象，多年的旧疾也复发了，但他始终没有放弃，在训练场地上一次次挥洒着汗水，渐渐在空中跑得愈发自信。

终于，在 8 日晚上，万众瞩目的开幕式上，李宁高举火炬成功点燃了北京奥运会的主火炬，出色地完成了任务。后来，李宁接受采访时说："为了完成任务，我已经训练了一个月，每天凌晨 2 点出现在鸟巢半空。我不能让中国人的梦想落空。"

丹麦童话作家安徒生的一句箴言也印证了勤奋给予命运的奖赏：只要你是一个天鹅蛋，即便生在养鸡场也没有关系。言外之意就是，不因环境的恶劣而让信仰黯淡下去，不因机遇的不利而让勤奋的翅膀停止飞翔，终有一天，我们飞翔的翅膀会在天空写下：没有飞不过的云，没有高不过的山。只要我们睿智的心灵种入一粒叫自信的种子，只要我们坚定的信仰插上勤奋的羽毛！

前总理温家宝在哈佛大学的演讲中提到"仰望星空与脚踏实地"。梦想必不可少，它为我们树立奋斗的目标，而"脚踏实地"更为重要，我们应一步步朝梦想走下去，矢志不移，将坎坷踏成坦途，用汗水浇灌梦想之花，迎接成功的朝阳。

拥有属于自己真正的梦想

对于梦想，每个人都不陌生，它是一个人做梦都想实现的愿望，如果我们一旦把实现梦想的想法落实到行动上，那就是自己的事业，事业成了，就是成功。你的梦想就成了现实，你的人生价值也就凸显了。

应该说，梦想寄托着我们人生的最大愿望，但有的人，有了梦想却不好意思说出来，或是不敢说出来，害怕实现不了遭到耻笑和非议。这是懦夫的表现，有了梦想就要大胆地去追求。

几乎所有成功者都是梦想的追求者。因为在梦想的作用下，人常会冲破自身的束缚，释放出最大的能量。梦想是一种无坚不摧的力量，当你坚信自己的理想能实现时，它几乎就能够实现。西天取经之路经历那么多磨难，各种诱惑、困难层出不穷，如果唐僧没有自己的梦想并坚持下去，哪能排除众议、历经千难万险取得真经？

每个人都应该有自己的梦想——无论伟大与平凡。如果在人的一生当中没有主动追求过一些东西，那将是非常遗憾的。"梦想，是一个目标，是让自己有意义生活的原动力，是让自己开心的原因。"梦想决定了我们会成为什么人，所以它至关重要，然而最重要的是找到真正属于自己的梦想，并不断为之奋斗直到成功，人生最幸福的时刻也在于此。必须要指出的是，梦想无关大小，却是自己的至爱，每一个人都应该有属于自己的梦想。

下面是一个关于梦想的故事：

在一所小学里，寒假将至，期末考试开始了，一个班主任发现一位叫许佳的同学考试作文《我的理想》写的是他的理想就是想玩，玩各种游戏，到各处去玩，于是怒不可遏，她生气地把他的卷子摔在他的面前说："玩也可以成为理想吗？我还真没听说过，赶紧给我改了。"

看着一脸怒气的老师，许佳不声不响地捡起了考试卷，想说些什么，可是看见老师一脸的铁青，把话又咽了回去。

第二天，到下课时老师发现许佳的作文一点没改。但是现在再改已经没有时间了，只好生气地瞪了他一眼，收上了他的卷子。结果可想而知，许佳交到爸爸手里的期末作文试卷是零分，许佳等待爸爸的责备，可让他出乎意料的是，爸爸不但没责备他，还安慰他说，每个人有每个人的理想，但要保证理想是正确的，你真的热爱的就可大胆地追求！

转眼二十年过去了，昔日的班主任已经退休了。有一天，老师背着手在人行道上散步，这时，一辆宝马车突然停在了她的身边。她一愣，心想：这是谁呀，我并没有开宝马车的亲戚朋友。

正在疑惑间，只见一个身穿休闲装的成年男子下了车，恭恭敬敬地走到她的面前叫了声："老师，您好！"

老师定了定神，仔细打量着眼前这个彬彬有礼的人。"老师您不认得我了？我是你的学生许佳呀！"对方轻轻一笑说。

班主任的脑海里像过电影一样，晃过一张张小脸，突然她的思维定格在了一篇作文上，她还清楚地记住作文的第一句：玩是我的理想。

她恍然大悟："噢！我想起来了，你是那个把玩当成梦想的小子，对吧？"

"就是我！"许佳点点头。

班主任看了看他的宝马车说："看起来过得不错，你现在的理想不再是玩了吧？"

许佳轻轻地摇摇头，微笑着说："不，老师，我的梦想还是玩，我想玩遍大江南北，想玩遍全世界，我甚至想去太空玩，为了实现我玩的梦想，我只能努力地工作赚钱，达到我想到处去玩的理想。"

班主任听完这番话，似乎有所悟，玩为什么不能成为梦想呢？人这一生，到底是为什么而活着？教学生的时候，总是教导他们将来的理想是成为科学家、医生、博士……可是，这些梦想是孩子们从心而发的愿望吗？小孩子们会为了大人灌输的理想而去拼搏吗？

人的梦想不尽相同，当我们以自己的看法否定别人的梦想时，我们就已经错了，要知道，梦想不是校服，并不需要一个统一标准。坚持自己的梦想是一件困难的事，正如故事中的许佳一样，但是他坚持了下来，收获了成功。

生活中确实会有很多意想不到的因素，无时无刻地不在侵蚀着我们的梦想。追随梦想，你可能遇见全新的自己，一个更坚强、美好、深刻的自己。一定要呵护你的梦想之火，伟人之所以伟大，根源于他们有一个伟大的梦想。

梦想不等于妄想，大多的梦想经过不懈地追求完全可以变成现实。人性最可怜的就是：心中有梦想，但却把梦想当成了遥不可及的妄想，不敢去想，更没有勇气去追求。有时，有人还喜欢乐于嘲笑那些平凡、易于实现的梦想，殊不知，这样的梦想才是最真实、最美丽的。

如果你知道要往哪里走，世界就会为你让出一条路。拥有一个真正属于自己的梦想，不要让别人的观点淹没自己的声音，勇敢地去拥有、坚持，直到梦想实现的那一天，你才会真正地体会到追求梦想是一件极有意义，极能体现自己人生价值，又是一件可以想直到可以抓到它的事。

为梦想去奋斗

一个人的生活本质上只能属于自己，它完完全全是个人的。外人可能会安排我们的未来，但是只有我们自己才有决定权。如果你希望拥有多彩多姿的人生，就得对人生有所期待，这种期待就是你要实现的人生梦想。

生活不能等待别人来安排，而要自己去争取和奋斗；不论结果是喜是悲，都不枉你来这世上走一遭。有了这样的认识，你就会珍惜生活，而不会玩世不恭，同时也会给自身注入一股强大的力量。

美国某个小学的作文课上，老师给学生的作文题目是：《我的志愿》。

一个学生非常喜欢这个题目，他在本子上飞快地写下了自己的梦想。他希望将来自己能拥有一座占地10余公顷的庄园，在广阔的土地上种满如茵的绿草。庄园中有无数的小木屋、烤肉区，以及一座休闲旅馆。除了他住在那儿外，还可以和前来参观的游客分享自己的庄园，有住处供他们歇息。

这个学生写好的作文经老师批改，本子上被划了一个大大的问号，然后发回到他手上，老师要求他重写。这个学生仔细看了看自己所写的内容，并无错误，便拿着作文本去请教老师。老师告诉他："我要你们写下自己的志愿，而不是这些如梦呓般的空想，我要实际的志愿，而不是虚无的幻想，你知道吗？"这个学生据理力争："可是，老师，这真的是我的梦想啊！"老师也坚持："不，你的家庭如此贫困，你这个梦不可能实现，那只是一个空想，我要你重写。"这个学生不肯妥协："我很清楚，这才是我真正想要的，我不愿意改掉我梦想的内容。"老师摇头："如果你不重写，我就不让你及格，你要想清楚。"这个学生也跟着摇头，不愿重写，于是那篇作文只得到一个很差的等级。

事隔30年，这位老师带着一群小学生到一处风景优美的度假胜地旅行，在尽情享受无边的绿草、舒适的住宿，以及香味四溢的烤肉之余，他望见一名中年人向他走来，并自称曾是他的学生。

这位中年人告诉老师，他正是当年那个作文不及格的学生，如今他已拥有这片广阔的度假庄园，真的实现了自己儿时的梦想。老师望着这位庄园的主人，想到自己30余年来不敢梦想的教师生涯，不禁喟叹："30年来我不知道用成绩分数改掉了多少学生的梦想。而你，是唯一保留自己的梦想，没有被我改掉的。"

现实中，很少有人能保有自己的梦想并坚持下去，真正能做到这一点的人大都能取得引人瞩目的成就。有梦想的人才有热情。一个人能抓住机会，不仅因为有能力，更因为有梦想、有激情。

齐瓦勃出生在美国乡村，只受过很短时间的学校教育。15岁那年，一贫如洗的他来到一个山村做马夫。然而，雄心勃勃的他无时无刻不在寻找着新的机遇。

3年后，齐瓦勃来到钢铁大王卡内基属下的一个建筑工地打工。一踏进建筑工地，齐瓦勃就下定决心，要做同事中最优秀的人。当其他工人都在抱怨工作辛苦、薪水太低而怠工时，齐瓦勃却在默默地积累着工作经验，并自学建筑知识。

一天晚上，同伴们都在闲聊，唯独齐瓦勃躲在角落里看书。恰巧公司经理到工地检查工作，经理看了看齐瓦勃手中的书，又翻了翻他的笔记本，什么也没说就走了。

第二天，经理把齐瓦勃叫到办公室，问道："你学那些东西干什么？""我想我们公司并不缺少打工者，缺少的是既有工作经验又有专业知识的技术人员或管理人员，对吗？"齐瓦勃认真地回答。经理点了点头，不由得仔细打量起眼前这个貌不惊人的年轻人。

不久，齐瓦勃就被升为技师。打工的同伴中，有人讽刺挖苦齐瓦勃，他回答说："我不光是在为老板打工，更不单纯为了赚钱，我是在为自己的梦想打工，为自己的远大前途打工。我们只能在业绩中提升自己。我要使自己的工作所产生的价值，远远超过所得的薪水，只有这样我才能得到重用，才能得到机遇。"

抱着这样的信念，齐瓦勃一步步地升到了总工程师的位子上。25岁那年，齐瓦勃当上了这家钢铁公司的总经理，承担起建设公司的布拉德钢铁厂的重任。凭着非凡的努力，齐瓦勃于两年后成了这家工厂的厂长，并逐渐成为卡内基钢铁公司的灵魂人物。几年之后，他被卡内基任命为钢铁公司的董事长。

齐瓦勃担任董事长的第7年，当时控制着美国铁路命脉的大财团摩根，提出与卡内基联合经营钢铁。开始，卡内基没理会。于是，摩根放出风声，说如果卡内基拒绝，他就找当时居美国钢铁业第二位的贝斯列赫母钢铁公司联合。这下卡内基慌了，他知道如果贝斯列赫母与摩根联合，会对自己公司的发展构成威胁。

一天，卡内基递给齐瓦勃一份清单说："按上面的条件，你去与摩根谈联合的事情。"齐瓦勃接过来看了看，对摩根和贝列斯赫母公司的情况了如指掌的他，微笑着对卡内基说："你有最后的决定权，但我想告诉你，按这些条件去谈，摩根肯定乐于接受，但你将损失一大笔钱。看来你对这件事没有我调查得详细。"经过分析，卡内基承认自己过高地估计了摩根，他全权委托齐瓦勃与摩根谈判，最终取得了对自己有绝对优势的联合条件。摩根感到自己吃了亏，就对齐瓦勃说："既然这样，那就请卡内基明天到我的办公室来签字吧。"齐瓦勃第二天一早就来到摩根的办公室，向他转达了卡内基的话："从第 51 号街到华尔街的距离，与从华尔街到第 51 号街的距离是一样的。"摩根沉默了一会儿说："那我过去好了!"摩根从未屈就到过别人的办公室，但这次他遇到的是全身心投入的齐瓦勃，所以只好低下了自己高傲的头颅。

后来，齐瓦勃的梦想终于实现了，他建立了大型的伯利恒钢铁公司，并创下了非凡的业绩，真正完成了他从一个打工者到领导者的飞跃。

试想一下，当你经历了生活的坎坷、牵绊之后，梦想是否已经实现?你是否曾经为梦想而努力过，你都付出了什么?

梦想永远是你自己的，任何人都偷不走，只要梦还在，双脚就会不停地朝目标走去。

一个心中没有梦想的人，将如同一个行尸走肉，毫无生机可言。所以，我们应该在心中保存一个梦想，活在希望中，这样才能在困境中保持斗志，爆发出巨大的能量。

梦想是在工作中一点点实现的

每个人都有自己的梦想，尤其是初入职场的年轻人，梦想着做大事，梦想着飞黄腾达。然而，我们知道，没有什么事情能够一蹴而就，无论是当富翁还是做高管，都是通过一点一滴的积累而得到的。而做好我们眼下的工作，就是我们实现梦想的起点。我们从点滴做起，在工作中一点点积累，一点点磨砺自己，让自己逐步地提高才干和本事后才能大展身手、一展宏图。

查理·贝尔在他 43 岁的时候当上全球快餐业巨头麦当劳的总经理，是麦当劳最年轻的首席执行官。然而，大家所想不到的是，他最初只是澳大利亚一家麦当劳店的临时工。

1976 年，年仅 15 岁的贝尔开始了他的职业生涯的第一步。他进麦当劳店的想法很简单，打工赚取一些零用钱。他从来没有想过以后在这里会有什么发展。他被录用了，而工作内容就是做清洁。虽然这个活儿又脏又累，但贝尔从来没有怨言，他尽职尽责，认认真真地将工作做好。而且做完自己的工作，他常常会做很多自己工作以外的活儿。他常常是打扫完厕所，就擦地板；擦完地板，又去帮着翻正在烘烤的汉堡。这种工作态度和精神给麦当劳打入澳大利亚餐饮市场的奠基人彼得·里奇留下了很好的印象。

没多久，里奇说服贝尔签了员工培训协议，把贝尔引向正规职业培训。培训结束后，里奇又把贝尔放在店内各个岗位上，对他进行锻炼。虽然只是钟点工，但悟性出众的贝尔不负里奇一片苦心，几年后，贝尔就全面掌握了麦当劳的生产、服务、管理等一系列工作。

19 岁那年，贝尔被提升为澳大利亚最年轻的麦当劳店面经理。后来，担任麦当劳澳大利亚公司总经理。1999 年，贝尔被调到麦当劳美国总部，并先后担任亚太、中东、非洲和欧洲地区总裁及麦当劳芝加哥总部负责人。2002 年底，他被提升为首席运营官。

在担任总裁兼首席运营官期间，贝尔负责麦当劳公司在 118 个国家的超过 3 万家麦当劳餐厅的经营和管理，并从 2003 年 1 月 1 日起开始进入董事会。

贝尔不仅是麦当劳历史上第一位非美国人的 CEO，也是近年来餐饮业中少有的亲自站过柜台的董事长，成为一个从最底层一步步晋升到公司高层的典范。

贝尔经常用自己的亲身经历鼓励身边的年轻人，在北京参加麦当劳续约奥运会全球合作伙伴的新闻发布会时，他说："我从15 岁起就在澳大利亚的餐厅兼职打工，19 岁就成为澳大利亚最年轻的餐厅经理。我能做到，你们也能做到，明天的总裁就在今天的这些明星员工中间。"

贝尔的经历告诉我们，他是如何从一个清洁工走向麦当劳公司执行总裁的。所以，不要总是对目前的工作敷衍了事，既然选择了一份工作，不管是扫大街、扫厕所，还是刷碗、建筑，都要带着感激之心踏踏实实做好自己的工作，总有一天，成功会垂青于你。

没错，认认真真地将工作做好，一步一个脚印，踏踏实实，你就是在通往梦想的路途中！而浮躁、抱怨只会让你离自己的梦想越来越远。

在生活日新月异的今天，人们也变得越来越不满足于现状，总是想着一步登天！很多人在工作中总是抱怨："这样的破工作，什么时候才能买到房子！""这么低的工资，何时才有出头之日？"岂不知财富都是奋斗来的，不经过奋斗就不可能有房子有车，你越是抱怨越是浪费时间，离梦想就会越来越远！

有一位作家说过："你答应做这个工作，就算再不喜欢，你也一定在做的那一刻好好享受。之前可以很憎恨，之后可以痛恨，但做的那一刻要很享受。"没错，不管你做什么工作，都要带着一份感激的心，工作是带给我们物质食粮的基础，是我们成就事业的起点，是让我们不断成长的渠道！唯有先从点滴开始，武装自己，丰富自己，才会有机会、有能力去实现内心那个热烈的期盼，那个美好的梦想！

所以，从手头的工作开始吧，认认真真地将工作做好！通过不断地积累和锻炼，才能发现并塑造全新的自己，一步步走上新的台阶，如果连起码的本职工作都做不好，还想一下子就要达到一个什么样的高度就是幻想。

梦想是在工作中一点点实现的！你只要踏踏实实迈向实现自己梦想的脚步，就会离梦想越来越近。

只要坚持，梦想就会实现

艾伦9岁的时候，生活在南达科他州的祖父的农场里。暑假里，祖父告诉他，如果他想要额外的零用钱，可以在农场里做点活儿来赚取。艾伦很高兴，他喜欢骑马放牧，可是祖父说只有一件事还需要人手——赤手捡牧场上的牛粪饼。一般的孩子都不愿意干这样的活儿，艾伦虽然不情愿，却还是很认真地做了。

下一个暑假到来时，艾伦的祖母开车来学校接他去农场，对他说："艾伦，祖父就要把你想要的新工作交给你了。你会拥有自己的马匹去放牧，因为去年夏天你捡牛粪时表现得极为出色。"这是艾伦在工作上得到的第一次提升，他开心极了，一个小小的信念也因此在他心中生根发芽。

后来，艾伦得到了肉铺帮工的工作，每星期挣1美元。这活儿仍然恶心，但是他的想法很简单：先做好，一定会得到提升的，然后就能摆脱这份工作了。果然，他后来成了年薪150多万美元的首席执行官。再后来，艾伦掌控了美国读者最广、影响力最大的报纸——《今日美国》。

可见梦想需要坚持，坚持可以让当初貌似不切实际的想法变成现实，只有不断地追求，梦想才会实现。

拿破仑小的时候，他的叔叔曾经问他："将来长大想要做什么？"拿破仑回答说："从军，然后带领法国军队，席卷整个欧洲，建立一个前所未有的超级大帝国，最后做这个大帝国的皇帝。"

他的叔叔还没听完就忍不住大笑，指着他的额头说："你所说的一切全都是幻想！你要当法国皇帝？那是根本不可能实现的事情！照我看，你长大之后，还不如去当一个小说家，这样你更容易实现皇帝梦。"

被叔叔这一番嘲笑，拿破仑不但没有泄气，而是走到窗前，指着远处的天边，郑重其事地问叔叔："你看得到那颗星星吗？"这时还是大白天，叔叔诧异地走到窗前，茫然地说："星星？什么星星？现在是中午，当然看不到啊！孩子，你该不会是疯了吧？"

可拿破仑却认真地说道："就是那颗星星！我可以看得到，它高挂在天边，不分日夜，一直为了我而闪烁着，那是属于我的希望之星，只要它存在一天，我的梦想就永远不会破灭。"

事实上，那颗"希望之星"从未高悬天际，它一直深藏在拿破仑的内心深处，凭借着它的指引，更因为自己的梦想，拿破仑终于让自己坐上了法国皇帝的宝座。

其实有许多像拿破仑一样的著名人物，不管遭遇了什么挫折，不管前方有什么厄运等着自己，他们始终坚持自己的梦想，最终为人类创造了巨大的物质和精神财富：爱迪生不懈地追求，最后发明电灯；莱特兄弟经过不计其数的试验，终于实现了人类翱翔蓝天的梦想……可想而知，如果没有那么多能坚持梦想的人，现在又将会是怎样的世界呢？

理想或自己钟爱的事业是诱人的，但实现梦想的人总是少数，因为只有少数人能把梦想坚持下去，伟大的成就并不是在幻想中取得的，实现它需要你的付出和锲而不舍。很多人只是机械地活着，因为实现梦想是个艰难的过程，甚至会遭受很多的阻碍，不被人理解，常常被人排斥。所以，实现梦想需要自信和坚持。

做事就像爬山一样，越往上爬，山势越陡，消耗的体力越多，快到山顶的时候，体力已消耗得差不多了，再往上走一步都很艰难，此时只有不丧失信心，继续坚定地走下去，才能达到胜利的峰巅。

看下面这个寓言故事：

有两只蚂蚁不慎误入一只玻璃杯中。它们慌张地在玻璃杯底四处触探，想寻找一个缝隙爬出去。不一会儿，它们便发现，这根本不可能。于是，它们开始沿着杯壁向上攀登，这是通向自由的唯一路径。

然而，玻璃表面实在太光滑了，它们刚爬了两步，便滑了下来。但为了逃生，它们还是继续往上攀登。很快，它们又重重地跌到杯底。三次、四次、五次……有一次，眼看就快爬到杯口了，可惜，最后一步却失败了，而且，这一次比哪次都摔得重，比哪次都摔得疼。好半天，它们才喘过气来。一只蚂蚁一边歇息，一边泄气地说："咱们不能再浪费气力了。否则，不等饿死，就先摔死了。"另一只蚂蚁说："刚才，咱们离胜利不只差一步了吗？"说罢，它又重新开始攀登。

一次又一次跌倒，一次又一次攀登，它到底摸到了杯口的边缘，用最后一点力气，翻过了这道透明的围墙。

隔着玻璃，杯子里的蚂蚁既羡慕又忌妒地问："快告诉我，你获得成功的秘诀是什么？"

杯子外边的蚂蚁回答："接近成功的时候可能最困难，谁在最困难的时候不丧失信心，谁就可能赢得胜利。"

要做自己想做的事，就要有百折不挠的精神，无论遇到什么困难，都不言弃，最大限度地发挥自己的潜力。消极懈怠的态度不仅对成功无益，也让别人失望。认真对待每一件事，既能锻炼自己的品质，也会让其他人对你更有信心。

心有多大，舞台就有多大

成功学告诉我们，生活总是给有梦想的人提供努力的机会和进步的空间。站得高望得远，树立远大的人生目标反映了人们对美好生活的向往和追求。它是我们的力量源泉和精神支柱，能指引我们为实现它而努力奋斗。每当我们懈怠、懒惰的时候，它犹如清晨的闹钟，将我们从睡梦中唤醒；每当我们感到疲惫、步履沉重的时候，它就像沙漠中的绿洲，让我们看到希望；每当我们遇到挫折、心情沮丧的时候，它又如破晓的朝阳，驱散我们内心的阴霾。在人生目标的驱策下，我们不断地激励自己，获得精神上的力量，焕发出超强的斗志。即使我们最终不能实现目标，即使困难没有被完全克服，我们也能收获信心和经验。当再次面对困难时，我们不仅有勇气和信心，也有能力去面对和解决。

埃德蒙斯认为，伟大的目标塑造伟大的心。一个人之所以能够成功，是因为他树立了一个目标，拥有美好的愿景。美好的愿景可以产生动力，动力推进行动，行动必然会成就事业。这也是人们常说的"心有多大，舞台就有多大"。

然而，生活中很多人缺乏抱负，安于现状，在遇到挫折时，不能确立正确的心态，这在很大程度上会影响其目标的实现。

美国一家公司一位人事专家，每年都要到各大学里挑选一些即将毕业的学生参加公司初级经理人员的预备训练。她指出，她对许多大学生的心态感到失望。

这位人事专家说："通常我会和 8～12 位毕业生面谈，他们都是班上的前 3 名，而且都表示很乐意到我们公司工作。我们考虑的决定因素之一是个人的动机。我们要看他是否有潜力，能否在几年内独当一面，实现重要的计划，管理一个分公司或分厂，或者在其他方面对公司有实质性的贡献。我不得不说，我对我所面谈的大部分学生的个人目标并不十分满意。你会很惊讶，有那么多年仅 20 岁的年轻人对退休计划比任何事都更感兴趣。对他们而言，'成功'只是'保障'的同义词。他们关心的第二个问题是：'我会被经常调动吗？'你想，我们能把公司交给这样的人吗？更令我无法理解的是，现在的年轻人对于未来的态度，竟然还是那样极端的保守、狭隘。"

这么多人缺乏抱负的趋势意味着，在高报酬的职业中所遭遇到的竞争，将比你想象的要多得多。潜能的发挥不是以一个人的身高、体重、学历或家庭背景来衡量的，而是由个人理想来决定的。一个正常的人，应该肩负其人生使命，朝着某种理想或希望，全力以赴，使自己的生活能配合一个目标，从而获得成功。

有人说："每个人的心中都隐伏着一头雄狮。"的确，人的潜能是巨大的，如果你不相信自己，你的能力就会被埋没。很多成功人士并没有三头六臂，智力也和一般人差不多，关键在于他们相信自己。

亚洲首富孙正义早在 19 岁时，就写下了自己未来 50 年的计划：20 多岁时，建立自己的企业；30 多岁时，挣到第一个 10 亿美元；随后 20 年，巩固基础和挑选接班人；43 岁后，在 10 年内将企业扩大 10～20 倍。在这个计划的指引下，他在 24 岁那年成功地创办了自己的公司，并宣称要在 5 年内将销售规模扩大到 100 亿日元，10 年内达到 500 亿日元。

如果说在充满激情的青年时代，孙正义拥有远大的志向和华丽的梦想并不是一件太过突兀的事情，那么，在他经历了无数的困难和激烈的竞争之后，在大多数人都屈从于现实社会而放弃了自己志向的时候，他的这些豪言壮语便是"野心的膨胀"。

但正是这种"膨胀"的野心，支撑着孙正义在 37 岁时成为了拥有 10 亿美元的富翁，更支撑着他建立起庞大的互联网帝国。

事实正是如此，你未来会有什么样的成就，会成为什么样的人，取决于你有什么样的梦。先有梦，才会有成就，才会发挥潜能。

有个出生于旧金山贫民区的小男孩，从小因为营养不良而患有软骨症，6 岁时，他的双腿变成了弓形，小腿更是严重萎缩。然而，在他幼小的心灵里，一直藏着一个除了他自己几乎没人相信会实现的梦，这个梦就是——有一天他要成为美式橄榄球的全能球员。

他是传奇人物吉姆·布朗的球迷，每当吉姆所属的克里夫兰布朗斯队和旧金山西九人队在旧金山比赛时，这个男孩便不顾双腿的不便，一跛一跛地跑到球场去为心中的偶像加油。由于穷得买不起票，他只能等到全场比赛快结束时才从工作人员打开的大门溜进去，欣赏最后几分钟的比赛。

13 岁时，一次他在布朗斯队和西九人队比赛之后，在一家冰淇淋店里终于有机会和自己心目中的偶像面对面接触，那是他多年来所期望的一刻。他大大方方地走到这位大明星的跟前，朗声说道："布朗先生，我是你最忠实的球迷！"

吉姆·布朗和气地向他说了声"谢谢"。这个小男孩接着又说："布朗先生，你知道一件事吗？"吉姆笑着问："小朋友，请问是什么事呢？"男孩自豪地说："我记得你所创下的每一项纪录。"吉姆·布朗十分开心地笑了，然后说道："真不简单。"这时，小男孩挺了挺胸膛，眼里闪烁着光芒，充满自信地说："布朗先生，有一天我要打破你所创下的每一项纪录。"听完小男孩的话，这位美式橄榄球明星微笑着对他说："好大的口气！孩子，你叫什么名字？"小男孩自豪地笑了，说："我的名字叫奥伦索·辛普森。"奥伦索·辛普森日后的确如他年少时所言，在美式橄榄球球场上打破了吉姆·布朗创下的所有纪录，并创下了新的纪录。

人们常说"有志者事竟成""世上无难事，只怕有心人"，当我们规划自己的人生时，只有站得高才能望得远。所以一定要把目光放长远，这样，世界的大舞台才会向我们敞开大门。

理想是靠勤奋努力来实现

在现代，人们习惯于把一个人升高位、赚大钱或成名成家叫作成功，同时也把这当作生活中的主要努力目标。暂且先不论把升官发财当作人生的主要目标合适与否，只谈一下实现成功的途径，即如何才能成功？

诸多的事实告诉我们，要想成功，积极主动的进取精神和勤奋努力的行为是绝不可少的，固然，有些成功不是依靠自身的勤奋努力获取的，但是那是例外的情况，不具有普遍性。绝大多数人的成功都是依靠自身的勤奋努力一步步获得的。

他们为了实现目标积极主动地追求，付出大量时间和精力，最终实现了美好的愿望。相反，有些人同样渴望成功，但他们并不积极主动去争取，而是安于现状，不思进取，所以他们最后只能是把自己的梦想变成幻想。

那些把梦想变成幻想的人多是一些牢骚满腹、怨天尤人的人，他们抱怨父母为何不是位高权重的政府要员，自己为什么没出生在亿万富翁的家里，自己的条件为何不如别人好，机会为什么总是降临在别人身上……总之，他们对命运总是不满，一味地埋怨与诅咒。

其实，生活对所有人都是公平的，不成功的人要么是生性懒惰，要么是胆小怕事，再有就是自轻自贱、自我蔑视。如果这样的人成功了，那才是怪事呢！

成功学大师罗宾认为，人生有两种人，他们对待做事的态度各不相同，第一种人是等待天上掉馅饼的懒汉，总是在等待机会，机会若不降临，他们是不会自己动手的；第二种人是知道天底下没有免费午餐的人，他们不是在苦等机会的到来，而是总是主动去寻找机会，没有机会的时候，就主动去创造机会。

一位先哲曾经说过："聪明的人不会坐等机会来敲门，而是积极主动地去寻找并抓住它、征服它，让它成为我们的奴仆。只有这样，我们的眼前才会出现一条又一条的光明大道。"

所以，当觉得自己不够顺利时，消极的人总是找借口说"因为我没有遇到好的机会"，而积极主动者则说"事情没有成功是因为我努力不够"。其实，在整个人生中，时时处处都充满了机会，要想获得机会，取得成功，必须积极主动地去争取、去创造！

西奥多·帕克是一位在美国历史上很有影响力的人物，为推动美国社会发展做出了巨大贡献。在美国，只要一提起"西奥多·帕克"这个名字，几乎是家喻户晓，妇孺皆知，但是很少有人知道他成功的经历。

西奥多·帕克在家里做农活，但他靠自学，最终考上哈佛大学。通过他的奋斗历程可以看出，他能够取得成功的一个重要原因，是因为时刻争取机会。否则的话，他恐怕连书都读不成。

那年8月的一个下午，西奥多·帕克与父亲一起在地里做农活。帕克突然说："爸爸，我想明天参加哈佛大学一年一度的新生入学考试。"

帕克的父亲是一位水车木匠，由于家里穷，他拿不出钱供儿子读书，为此他感到十分惭愧。他知道，儿子虽然没能进学校读书，却一直在自学，而且非常用心，梦想有一天能考入一所名牌大学。他很佩服也非常支持儿子的做法，所以虽然在经济上无法给予援助，他还是答应了儿子这个要求。

第二天，帕克起得很早，风尘仆仆地走了10英里路，赶到了哈佛学院。一路走来，他回想着自己从小到大的读书经历：由于没钱进入学校读书，他就选择了自学。家里没钱买书，他就想方设法自己赚钱买书，或借小伙伴的书抓紧时间读……

想到这些，帕克告诉自己：这次考试，一定要考好！等到揭榜那天，他惊喜地发现自己榜上有名，非常高兴。那天回家，帕克把好消息告诉了父亲。

"我的孩子，你真是好样的！"水车木匠夸奖道，"可是，我没有钱供你到哈佛读书啊！"帕克笑着说："爸爸，您不用担心。我不会搬到学校去住，只要利用空闲时间来自学就够了。只要通过考试，我就能拿到一张学位证书。那样，什么都好办了！"

后来，帕克成功地做到了这一点，以优异的成绩回报了自己和一直支持自己的亲人。再后来，当年读不起书的那个小男孩成为了美国一代风云人物。西奥多·帕克在整个美国的影响是不可估量的。

西奥多·帕克虽然家境贫寒、出身卑微，但他时刻不忘努力学习、开拓进取，利用一切机会来提高自己，最终踏上了成功之路！可见，一个人能否取得成功，关键不是看他具不具备优越的先天条件，而要看他是否有积极主动的进取精神，看他是不是肯为理想而甘于辛勤付出，只要有这种为理想积极主动、辛勤付出的精神，他就一定会有所成就。反之，如果没有这种积极主动的进取精神和甘于辛勤付出的态度，不采取积极有效的行动，即使先天条件再优越，最终也会与成功失之交臂。

第五章
在平凡的起点上，也要创造不平凡的业绩

　　人生，虽然我们无法选择出身，但我们完全有理由相信：我的人生我做主！人生其实充满了神奇，就算你的起点很卑微，但人生既然有无数种可能的开始，同样就会有无数种可能的结局，关键在于你对于自己的创造力。事实上，很多成功人士的人生起点同样很低，但他们能够把这种困境转换成动力，在平凡的起点上，铆足了劲达到不平凡的高度。而这些人成功的关键就是，他们对于生活的态度及做人的心态。

不怕起点低，怕的是境界低

"下大雨的时候，你是一个没有雨伞的孩子，有雨伞的孩子可以撑着伞慢慢走，但是你必须奔跑……"是的，你只有努力奔跑，否则就会淋雨。

你不能躲起来等雨停，因为雨停了或许天也就黑了，那时候你的路会更难走；你没有办法等待雨伞，因为你没有雨伞，也没有人会给你送伞。所以，你只能选择奔跑，而且是努力奔跑，玩了命似的奔跑，因为跑得越快，被淋得就越少。

当大雨来时，奔跑不单单是一种能力，更是一种态度，这种态度将决定你人生的高度。

也许有的人认为：为什么要跑，难道跑到前面就没雨了吗？既然都是在雨中，我为什么要浪费力气去跑呢？是的，即使跑得再快，你也会被淋湿，但这更是一个态度的问题。努力奔跑的人可能会得到更好的结果，那就是衣服只湿了一点点，并不影响继续穿，而且可以继续他的社会活动；而不愿奔跑的人其人生态度就显得消极得多，他对自身行为的结果了如指掌，但他选择了逆来顺受，所以被淋透的可能性是百分之百。奔跑的人还有机遇，不愿奔跑的人的人生则注定是悲剧。

有这样一个男人，他21岁那年从外地来到北京拜师学艺，却四处碰壁。不久之后，他和几个朋友成立了一个小俱乐部，靠在街头卖艺混口饭吃。那时候，他住在北京的郊区，从住处到市中心足足有一个多小时的车程。为了省钱，他连公交车也舍不得坐，每天都骑着自行车来回奔波，每天的行程都需要花费四五个小时。可尽管如此，他从来没耽误一次学艺或是演出。

可命运似乎总爱和努力的人开玩笑，失败一次次降临，成功成了遥不可及的目标。有一次，他仍像平时一样排练到深夜才骑车回家，可刚骑出没多远，突然发现车链子掉了下来。午夜的街道上，公交车已经停运，他也没钱打出租车。第二天下午还有一场重要的演出，他脚一跺，牙一咬，把自行车扔在路边，硬着头皮向郊外的出租屋走去。

正值秋雨绵绵的季节，天微微发亮的时候他才浑身上下湿漉漉地回到住处，头晕目眩的他一头栽倒在床上，发起了高烧，他心里清楚，这样下去非出事不可。于是，勉强支撑起身体，翻箱倒柜地找出一个破传呼机，拿到街上卖了10多块钱，买了两个馒头和几包感冒药，硬是挺了过去。

当他下午面色蜡黄地赶到演出地点时，他的搭档吓了一跳，连忙问他出了什么事，他笑着说了昨晚的遭遇。看着他憔悴的面庞，搭档的眼泪在眼眶里直打转，轻轻拍了拍他肩，什么也没说，搀扶着他走上了前台。

几年以后，他已经红遍了大江南北，有人把他当年的这些故事挖掘出来，问他为什么能坚持到现在，他微笑着回答："我小的时候家里穷，那时候在学校一下雨别的孩子就站在教室里等伞，可我知道我家没伞啊，所以我就顶着雨往家跑，没伞的孩子你就得拼命奔跑！像我们这样没背景、没关系、没金钱的，一无所有的人，你还不拼命工作，拼命奔跑，那活着还有什么意思？"——这个人就是著名相声演员郭德纲。

现实生活中，我们绝大多数人都是没有雨伞却刚好碰到大雨的孩子，我们的出身很平凡，所以相对而言，我们在人生路上碰到的雨水都要更大一些，我们没有选择，只有那一条相对艰难的路，你不跑，便不知何时才能走到路的尽头，你跑起来，才有越过泥泞的希望，所以没有伞的孩子，我们只能选择努力奔跑。

现在的我们仍然看着很平凡，名不见经传，但是我们要向着不平凡去努力。当然，就结果而言，我们不敢有绝对的判断，但是跑与不跑的两种态度将决定我们生命的质量：第一种人还有希望，第二种人只有失望。

一个人的起点低并不可怕，怕的是境界低。有时越在意自我，便越没有发展前景；相反，越是主动付出，那么发展就越发快速。很多功成名就的人，在事业初期都是从零开始，把自己沉淀再沉淀、倒空再倒空、归零再归零，他们的人生才一路高歌，一路飞扬。

是笨鸟就要先飞

如果你天生平凡，那你就要比别人努力，而且不能放弃希望！如果早早做好计划、做好准备，尽早做出行动，就算是小笨鸟也会有肥肥的虫儿吃，而等那些自以为聪明、懒洋洋慢吞吞的鸟儿起来忙着找虫吃时，早起的鸟儿早已吃得饱饱，精力十足地开始了新一天的生活。

人生的路上也是如此，假如我们昨晚能够多准备几分钟，那么今天就会少几个小时的麻烦。要想在激烈的竞争中走在别人前面，那么就要早些打点行装，开始上路。即使早行的路上会有薄雾遮眼、晓露沾衣，但只要朝着东方跋涉，我们必然会成为最早迎接朝阳的人。

有一个安徽姑娘，她大学就读于北京广播学院，学的是播音专业，毕业时按照当时的分配原则，她是要被分配回原籍的。可是，四年的大学生活已经让她深深地爱上了北京这座城市，她当时就想："只要能够留在北京，哪怕不让我做播音员，做其他工作我也愿意。"

最终，她如愿以偿，被北京一家单位录用，做资料片的配音工作，实现了她留在北京的梦想。但这个工作却让她感到非常郁闷。原来，学文科的她被分到了技术处，配音工作很少不说，还都是些修机器、看电路图的事。人是留在北京了，可专业不对口，学了 4 年的专业完全没用了，这又成了她的心病，让她感到可惜而又不甘心。

就在迷茫之时，她得到了一个去北京电视台学习的机会。但是北京电视台在哪儿呢？不知道，查 114 吧！北京电视台一个人都不认识，找谁呢？不知道，先找保卫处吧！就这样她一路懵懂地来到了电视台，又被保卫处带进了播音组。

"我是学播音主持专业的，我不要求出镜，不要求工资，我只想到这儿来实习，如果你们觉得我可以的话。"这是她进门说的第一句话。或许是她的真诚打动了对方，"你留下来吧！"这句话改变了她的人生。

到电视台从事自己熟悉的专业，她知道这个机会来之不易，她用百倍的热情全身心地投入到了工作中。当时她的第一任务是北京新闻的播音员，除了北京新闻、北京午间新闻、北京晚间新闻之外，她还一连兼了三个栏目，以及一些晚会的主持。工作量虽然很大，但在她回想起来，那却是特别幸福的一段时间，因为她实在是太爱这个工作了，所以不觉得苦，也不觉得累。

高强度的工作让她熟能生巧，也让她在短短的时间里，从北京电视台的众多主持人中脱颖而出，一跃成为北京电视台的当家花旦之一。随后，她又进入中央电视台，担任热播栏目综艺大观主持人，从此她的事业青云直上，她曾连续 16 年担任中央电视台春节联欢晚会的主持人，并在上百台大型文艺晚会及国家级大型庆典演出中担任司仪、主持人。她就是周涛，美丽大方、端庄典雅、声音甜美、反应灵敏，拿起话筒来笑语盈盈，这是央视主持人周涛给我们留下的印象。

当谈及自己成功的经验时，周涛是这样说的："我的原则是笨鸟先飞。我可能不比别人条件好，但是我比别人做得多，就有可能比别人做得好。"

如果你是笨鸟，就先飞！成功之事，大抵如此。

如果你要欣赏壮美的黄山日出，就必须在日出前登上高高的山峰；要想在人生赛场上胜出，就必须在起跑时争取到那零点几秒，因为这零点几秒的优势，很可能成为你最终取得胜利的优势。虽说你的条件可能不如别人，但勤奋能够补拙，多一分辛苦便多一分才气，如果你先飞，你就比他们到得更早。

纵使平凡也不要平庸

平凡与平庸是两种截然不同的生活状态：前者如一颗使用中的螺丝钉，虽不起眼，却真真切切地发挥作用，实现价值；后者就像废弃的钉子，毫无价值。

平凡者纵使渺小却挖掘出自己生命的全部能量，平庸者则甘居无人发现的角落不肯露头。虽无惊天伟绩但物尽其用、人尽其能，这叫平凡；有能力发挥却自掩才华，自甘埋没，这叫平庸。

世间生命多种多样，有天上飞的，有水中游的，有陆上爬的，有山中走的；所有生命，都在时间与空间之中兜兜转转。生命，总以其多彩多姿的形态展现着各自的意义和价值。

"生命的价值，是以一己之生命，带动无限生命的奋起、活跃。"智慧的禅光在众生头顶照耀，生命在闪光中见出灿烂，在平凡中见出真实。所以，所有的生命都应该得到祝福。

"若生命是一朵花就应自然地开放，散发一缕芬芳于人间；若生命是一棵草就应自然地生长，不因是一棵草而自卑自叹；若生命好比一只蝶，何不翩翩飞舞？"芸芸众生，既不是翻江倒海的蛟龙，也不是称霸林中的雄狮，我们在苦海里颠簸，在丛林中避险，平凡得像是海中的一滴水、林中的一片叶。海滩上，这一粒沙与那一粒沙的区别你可能看出？旷野里，这一堆黄土和那一堆黄土的差异你是否能道明？

每个生命都很平凡，但每个生命都不卑微，所以，真正的智者不会让自己的生命陨落在无休无止的自怨自艾中，也不会甘于身心的平庸。

你可见过在悬崖峭壁上卓然屹立的松树？它深深地扎根于岩缝之中，努力舒展着自己的躯干，任凭阳光暴晒、风吹雨打，在残酷的环境中它始终保持着昂扬的斗志和积极的姿态。或许，它很平凡，只是一棵树而已，但是它并不平庸，它努力地保持着自己生命的傲然姿态。

下面这个寓言让我们懂得：每个生命都不卑微，都是大千世界中不可或缺的一环，都在自己的位置上发挥着自己的作用。

一只老鼠掉进了一只桶里，怎么也出不来。老鼠吱吱地叫着，它发出了哀鸣，可是谁也听不见。可怜的老鼠心想，这只桶大概就是自己的坟墓了。正在这时，一只大象经过桶边，用鼻子把老鼠吊了出来。

"谢谢你，大象。你救了我的命，我希望能报答你。"

大象笑着说："你准备怎么报答我呢？你不过是一只小小的老鼠。"

有一天，大象不幸被猎人捉住了。猎人用绳子把大象捆了起来，准备等天亮后运走。大象伤心地躺在地上，无论怎么挣扎，也无法把绳子扯断。

突然，小老鼠出现了。它开始咬绳子，终于在天亮前咬断了绳子，替大象松了绑。

大象感激地说："谢谢你救了我的命！你真的很强大！"

"不，其实我只是一只小小的老鼠。"小老鼠平静地回答。

每个生命都有自己绽放光彩的刹那，即使一只小小的老鼠，也能够拯救比自己体型大很多的大象。故事中的这只老鼠正是星云大师所说的"有道者"，一个真正有道的人，即使别人看不起他，把他看成是卑贱的人，他也不受影响，因为他知道自己的人格、道德，不一定要求别人来了解、来重视。他依然会在自我的生命之旅中将智慧的种子撒播到世间各处。

有人说："平凡的人虽然不一定能成就一番惊天动地的大事业，但对他自己而言，能在生命过程中把自己点燃，即使自己是根小火柴，发出微微星火也就足够了；平庸的人也许是一大捆火药，但他没有找到自己的引线，在忙忙碌碌中消沉下去，变成了一堆哑药。"

也许你只是一朵残缺的花，只是一片熬过旱季的叶子，或是一张简单的纸、一块无奇的布，也许你只是时间长河中一个匆匆而逝的过客，不会吸引人们半点的目光和惊叹，但只要你拥有积极的心态，并将自己的长处发挥到极致，就会成为成功驾驭生活的勇士。

自尊不是贵族的权利

也许你现在只是一株稚嫩的幼苗，然而只要坚韧不拔，彼时终会成为参天大树；也许你只是一条涓涓小溪，然而只要锲而不舍，彼时终会拥抱大海；也许你只是一只雏鹰，然而只要心存高远，摔几个跟头，彼时终会翱翔蓝天。你得明白，那些真正有品位的人不会因为你此时的赢弱看不起你，除非你放弃了强大的权利，给了他们不得不轻视你的理由。

有这样的一个人，当他还是个少年时，他有些自卑，他长得又瘦又小，其貌不扬；而且他的家庭让很多同学看不起，他父亲是卖水果的，母亲是学校边上的"餐车娘"。而他的同学大部分都是富家子弟；他是一个例外。他的父亲没有受过教育，深知没有知识的痛苦，于是狠下心花了大部分积蓄将他送入这个贵族学校。

从第一天踏入这所学校开始，他就受到了歧视，他穿的衣服是最不好的，别的孩子全穿名牌，一个书包、一个铅笔盒甚至都要几百块，有人笑话他的破书包，他曾经哭过，可他没告诉父母，因为怕父母伤心难过，因为这个书包还是妈妈狠下心给他买的。

对他最好的就是李老师了，李老师总是鼓励他，总是笑眯眯地看着他。那一年圣诞节，除了他，所有孩子都给李老师买了平安果，都是在当地最大的超市买的。但他买不起，一个平安果便宜的要十块钱，贵的要几十块钱，他没有钱，他也不想跟父母要钱，于是他煮了家里的一个鸡蛋送给了李老师。

当他把这个鸡蛋拿出来时，所有人都笑了，他心里五味陈杂，他更怕李老师也会笑话他。

想不到李老师非但没有笑话他，而且当着全班同学的面说："同学们，这是我收到的最好的礼物，这说明这个同学很有创意，其实不必给老师买什么平安果，有这份心意老师就很感动了。"

接下来，李老师给他们讲了一个故事：一个小女孩，她家很穷，有一天，她的母亲带着她去给校长送礼，让孩子转到这所中心小学来，她的母亲把家里唯一的一只老母鸡送给了校长，但当她们说明来意时，那校长却说："谁要这东西？我们早吃腻了老母鸡。"

那句话深深刺伤了小女孩和她的母亲。她们没有去中心小学，小女孩还在她们村子里上学，但她明白了自己应该发奋努力，年年考第一，最后，她以全乡第一的成绩考上了县重点中学，后来，她又考上北京师范大学，现在在一所高级中学里教书。

孩子们听完都很感动，李老师说："那个女孩子就是我。"

他听了，眼里满是眼泪，他感动地哭了，他总以为自己是穷人家的孩子，谁都会歧视，根本没有尊严可言，但李老师言传身教给了他极大的鼓励。从这以后他知道，每个人都是有尊严的，无论贫穷还是富有。所以，他发奋努力，如今，他在国内一所知名学府任教。

一个人就算被毁灭，也不应该被打败。也许并非每个人都能成为人生的赢家，但是面对人生中的失意，你无论如何也要从容地、保持尊严地活下去，即使默默无闻也好，就算平平凡凡也罢，重要的是，你只要还活着，再怎么一无所有，也别把做人的尊严和风度一并输掉。当你感到无助和绝望的时候，其实你还有选择的机会，当然你可以选择变得沉沦，但更好的结果是选择改变现状。事实上任何打击都不应该成为你堕落的借口，你改变不了这个世界，但你却可以改变自己。其实谁都可以活得很漂亮，但前提是你要明白，人生没有绝对的公平，你想要得到的越多，就注定要比别人承受得更多。

自尊不是贵族的权利！当你为自尊而努力之后，你也会逐渐成为贵族。

愤怒要回归到理性

人的尊严是最珍贵的，但是，人不能自尊心过强，过强就会给人生造成障碍。没有实力的时候，愤怒毫无意义。

有个大学生，毕业后到一家公司做产品营销，试用期3个月。3个月过去了，这位大学生没有接到正式聘用的通知，于是他一怒之下愤然提出辞职，公司一位副经理请他再考虑一下，他越发火冒三丈，说了很多过激的抱怨的话。对方终于也动了气，明明白白地告诉他，其实公司不但已决定正式聘用他，还准备提拔他为营销部的副主任。这么一闹，人家无论如何也不用他了。这位涉世未深的大学生因他的不太理性而白白地丧失了一个绝好的机会。

很多时候愤怒情绪，是来自人的目的和愿望不能达到或一再受到妨碍，逐渐累积而成的。挫折如果是由于不合理的原因或被人恶意造成时，人最容易产生愤怒。但是，有的人比较理智，能够控制自己的情绪，这样的人通常在人生道路上走得比较远。

年轻的时候，涉世不深，愤怒是脱缰野马，我们常把持不住，但年长之后，就应该学会控制。如果控制得好，愤怒也可以成为我们的重要工具，在关键时候，愤怒可以是我们表达坚定立场、决不妥协的手段；愤怒有时会是一场激烈的情绪展现，让对方知道，"我"已达临界点，也让其知道收敛。当然，最后要回归到理性。

放下偏见会得到意外的收获

对于更多的人来说，成功也许并不是指某一件事或一个事业的完美终结，而是让自己有一个快乐美好的人生，当然，人生也包含着许多成功的小事件。而一个人要拥有一个快乐美好的人生，就不能对人、对社会有所偏见。

生活中，曾有许多的成功者都说过这样的话：永远不能让自己的个人偏见妨碍自己的成功。这句话的含义是：在追求成功的过程中，我们难免要与自己不喜欢的人和事打交道，但我们要从大局考虑，要用包容的心去根除个人偏见，这样求同存异才能让我们更成功。

在美国，洛克菲勒与摩根可谓是两个重量级人物，然而，他们两人之间却存在巨大偏见。洛克菲勒很讨厌摩根，因为他认为摩根是个傲慢无礼的人。同时，洛克菲勒明白，摩根也不喜欢自己。

在一次谈判中，洛克菲勒说："我已经退休了，如果你愿意，我很乐意在我家中恭候你。"结果，摩根果真到他的家里来了。这对摩根而言显然是有些屈尊，但他做梦都不会想到，当他提出具体问题时洛克菲勒又提出了新的托词："很抱歉，摩根先生，我退休了，我想我的儿子约翰会很高兴同你谈那笔交易。"

这是一种公然的轻蔑，但摩根却很克制，他告诉洛克菲勒，希望他能到自己在华尔街的办公室去谈。结果，洛克菲勒答应了。

可见，善于成功做事的人，都知道必须摒除傲慢与偏见，都知道永远不能让自己的个人偏见妨碍自己的成功。

事实上，很多时候，如果你能放下偏见，主动伸出宽厚之手，你就会得到意外的收获。

再来看看世界顶级富翁巴菲特和比尔·盖茨之间的一段故事。

曾经一度，世界首富比尔·盖茨和世界第二富翁沃伦·巴菲特是两个互不相干的人，并且互相还存在着一定的偏见。在巴菲特看来，盖茨的成功完全是运气使然，而盖茨也认为巴菲特是一个小气、顽固、靠投机敛财的人。但后来的一次机遇，让他们重新认识了彼此，并建立了深厚的友谊。这件事情发生在1991年。

那年的一天，巴菲特给盖茨寄去了一张华尔街CEO聚会的请帖，聚会的主讲人就是巴菲特本人。因为对巴菲特心存偏见，盖茨对这次聚会不屑一顾，对于这张请帖，他也随手丢到了一旁。这一幕被盖茨的母亲看到了，她提醒盖茨："我觉得你应该去听听，他或许恰好可以弥补你身上的缺点。"母亲的话对盖茨起到了作用，他决定以全新的态度去认识巴菲特这个商界前辈。

二人见面后，对盖茨同样心存偏见的巴菲特傲慢地说："你就是那个传说中非常幸运的年轻人啊？"在听过母亲的劝解后，盖茨是抱着一颗真心来结识巴菲特的，因此，面对巴菲特并不客气的问候，他没有针锋相对，而是真诚地给巴菲特鞠了一躬，说道："我很想向前辈学习。"盖茨的这一举动让巴菲特感到很意外，也很感动，就是这一举动，让巴菲特对盖茨的印象一下子好了很多。

就在离会议开始还有一段时间时，这两个商界奇才坐到了一起，他们就世界经济这一问题发表了自己的看法，他们发现，原来彼此对于很多问题的见解都惊人的一致。除此之外，他们还有很多共同点：都白手起家、热衷冒险、不怕犯错误……不知不觉中，时间过去了一个多小时，意犹未尽的巴菲特被催促着来到演讲台上，他的开场白竟然是："在开始讲话之前，我想说的是，今天我第一次和比尔·盖茨交谈，他是一个比我聪明的人。"

从这次聚会之后，他们之间进行了更为密切的交往。交往中，他们都发现原来彼此从前对对方存有很深的偏见。盖茨逐渐认识到，原来巴菲特并不是人们所说的吝啬小人，而是对金钱有着超凡的深刻见解，他说："财富应该用一种良好的方式反馈给社会，而不是留给子女。"

而在巴菲特眼里，盖茨也是个年轻有为的成功者。2006年6月15日，盖茨宣布将逐步退出微软，专心从事慈善基金会的事业。同年6月25日，巴菲特受妻子过早去世的影响，决定把370亿美元的财产捐给盖茨的慈善基金会。

巴菲特多次公开说，此生最了解的人就是比尔·盖茨，而比尔·盖茨则尊称巴菲特为自己人生的导师。

虽然说，比尔·盖茨和巴菲特之间偏见的解除或是比尔·盖茨母亲的一句劝解的话或是由比尔·盖茨向巴菲特说的一句"我很想向前辈学习"开始的，但准确来说，能让他们之间消除彼此间的偏见的根由，还是他们各自心中的大度品性。

生活中的年轻人，可能你也曾经蒙受过羞辱，遭到他人的质疑和批评，你为此感到很懊恼、激愤，你憎恨他们，甚至不愿意与他们多说一句话，但你考虑过原因没有？除去恶意的攻击外，也许你真的能力欠佳，或者做人做事不够成熟、太过高调等。

事实上，蒙羞并不是一件坏事，如果你是一个知道冷静反思的人，或许就会认为侮辱是测量能力的标尺。事实上，我们直接或间接认识到的成功人士大多也有过类似的经历，他们能够以宽容的态度对待他人对自己的偏见，甚至是严重的羞辱，并努力化解这种偏见，改善与他人的关系，让自己更好地融入社会，为自己的成功积淀更厚实的资本。

用新目标鞭策自己

如果你还没有成功的话，不要再浪费时间和精力在其他方面寻找原因，你只需反思一下自己是不是真正拥有一颗进取之心，具有不断超越自我的精神。如果有，你就继续努力，成功的门迟早会为你打开的；如果没有，那请让自己拥有，因为这是你成功的唯一途径。

布韦是一位木匠的学徒，当他被派去制作衣橱时，他的周薪只有120美元。当制作完成时，客户对他的善于利用空间的设计理念及精湛的手艺赞不绝口，布韦意识到自己已经具备了一定的打造衣橱品牌的优势，于是他开了一家加州衣橱公司。

布韦凭着当时深受欢迎的"将拥挤的衣橱转变成能有效利用的空间"的需求，在 12 年内，把自己的小公司扩大成为全美拥有 100 多家加盟店的大企业。

布韦原本可以以作为一个木匠而感到满足，但他却能认清自己的能力，进而积极大胆地主动开创自己的事业，最终获得远超过其他学徒梦想的成大事者，而其获得成功的根本原因，无非是他有一颗拼搏进取的心。

如果将能让自己发挥所长并且适合自己发展的事业置之不理，是一种对自己不负责任的表现，而对自己都不负责任的人也不会有成功的渴望，因此，一定要养成这样一个习惯：不断用新目标来刺激自己的进取心。凡做成大事的人，都时刻保持这样一个良好的习惯。

艾美是一家化妆品公司的行销策划人员，她看好公司已经视为失败的一项产品：白雪洗发精。这是一种价格低廉，而且不含添加剂的洗发精，由于没有华丽的包装，因此只能吸引那些讲究实惠的消费者。艾美决定扬长避短，完善一下"白雪"的功效，并以此为卖点，吸引消费者。

她先将"白雪"呈现给管理阶层，并告诉他们其价值所在以及自己的想法。管理阶层接受了她的提议，新"白雪"推出市场后，受到了消费者的热烈欢迎，成为该公司销售最好的洗发精之一。

由于"白雪"销售的成功，艾美成为公司一家分公司的负责人。在牛刀小试初见成效之下，艾美继续努力，相继研发了一系列新的护发产品，而这些产品最后也都成了市场宠儿。艾美由此也成为了公司的顶梁柱。

当你制定出自己明确的事业目标之时，就是你开始坚定信心大展身手的时候。尽管你会发现在执行计划的过程中，目标会发生一些变化，但最重要的是不能懈怠或半途而废。

即使你现在开始做的并不是什么了不起的大事业，但总比拖延行动要好得多，"拖延"是你发挥个人进取心的大敌。如果你一开始就让拖延变成一种习惯的话，那么它必将蔓延到日后你的每一项行动中。

别让外在因素影响你的计划，虽然有时候你需要对他人的惊讶和你面对的竞争做出反应，但你每天必须以你的计划为目标向前迈进。用你对成功的向往和激情来不停地鞭策自己，随时提醒自己不可敷衍和懈怠，不要败在功亏一篑之时。

每当你完成一件工作时就应做一番反省，这是你所能做到的最好的成功吗？如何能做得更好？何不现在就使自己更进一步？是否能够发挥个人进取心，应视你对于每次机会的觉醒程度，以及你是否能在发现机会时立即行动。

总之，一个人只有学会用新目标鞭策自己不断前进，才能发现前方更大的发展空间，也才能有足够大的动力，让自己前进，从而发现更多的精彩，攫取更大的成功。

第六章
点燃心中激情，把工作当成事业做

当你有了一份工作之后，千万不要把工作仅仅当成一份职业，更不能当成一种副业，而要把工作当成事业来做。当职业与事业相重合时，人就充满了激情。

只有把工作当作事业干，才会兢兢业业，全身心投入；才会潜心谋事、真心干事、全心成事；才会克服浮躁的情绪，克服好高骛远、急于求成的心态；才能有遇到困难不畏惧、不达目的不罢休的豪气。当你把工作当作事业时，你会有强烈的求知、求好、求发展的欲望，你会从中获得奋斗的快乐，也会在成就事业过程中成就自己。

把工作当作事业来做

通常，一个整天无所事事的人会被认为是一个游手好闲、不务正业的人，那么什么叫"事事"呢？"事事"就是做事的意思，这里的"事"也可以称为你从事的事业。对于一个在做正经事的人来说，他做的是自己的事业。这就是说所谓的事业并不等同于轰轰烈烈的理想和目标。当然，它们也是事业，但具体的工作也是事业。我们把自己所从事的工作做好，做到位就相当于是在成就我们的事业。

在市场经济条件下，经济蓬勃发展，人们的金钱观、理财观也逐渐增强，但是唯金钱论的思想在不断滋长，很多人觉得赚大钱做大事才是人生的唯一目的，才是做事业，实际上，这是一种错误的认知。

当然，人为了实现人生价值，努力开创自己的事业，这无可厚非，但是把工作当作事业来做，也是非常值得称颂的，是一种职业精神的升华，反映了一个人的人生追求。

一名优秀的员工时刻保持对工作的热情，内心似乎有着消耗不完的精力，那是因为他眼里的工作已经变成了事业，人生的追求有了质的飞跃。同时，因为有着很高的工作热情，他总能付出更多的努力，因而也更容易获得成功。所以，假如你觉得自己不够努力而又缺乏动力，那请把工作当作事业来做，工作将会更有激情！

在云南怒江拉马底村，有一位名叫邓前堆的乡村医生，他在自己的工作岗位上孜孜不倦地工作，把自己的工作当作事业来对待，为乡亲们的健康保驾护航，其先进事迹感动了无数人。在第三届全国道德模范评选中，他荣获"全国敬业奉献模范"的光荣称号。

邓前堆生活的地方山高路陡，交通不便，怒江从小村寨一穿而过。这里没有道路，村里人出入只能依靠一条长度为100多米的铁索桥。

从医以来，邓前堆已经在村寨里坚守了近30年，只要村民生病了，他就会及时去帮助治疗，每次进出村寨都要冒着巨大的生命危险，他用自己的"坚守"精神，为老百姓换来了健康。

在艰苦的环境里工作，拿着每月200元的微薄工资，自己住在破旧不堪的住宅里。为当地百姓治病，但医药材料费却很昂贵，村民又无法及时付医药费，邓前堆不得不帮百姓垫付，自己却欠贷20000多元。尽管如此，他依旧坚守在平凡的岗位上，把做乡村医生当作了自己的事业，无论风风雨雨，他都毫无怨言。他坚守了28年，在这个岁月里，他一共出诊了5000多次，步行达到了60万千米……

一个月收入只有200多元的工作，也许听起来太过寒碜，但是邓前堆能在平凡的岗位上做出如此感人的事迹，源于他默默奉献的精神，源于孜孜不倦追求自己事业的态度。这是一种态度、一种品质、一种高尚的情怀，永远都值得我们学习，值得我们铭记。

应该说在日常生活当中，能够将自己的工作当作事业来做的人是绝大多数，他们在自己的工作中，始终满怀激情，坚守岗位，把工作当作事业来做，虽然非常辛苦，但痛且快乐着。能够把工作当作事业来做的人，是有信仰的人，有情操的人，同时也是对生活有明确认知的人，他们能用愉悦与成就感染身边的人，使他人也潜移默化地受到熏陶。

也许我们现在所从事的工作是很枯燥的，如果抱怨自己的工作不顺心，环境很差，又很不体面，那么，应该转变这种态度，不要将目光停留在工作本身，而是将其作为值得追求的好事业。这样一来，即使从事的并非是自己喜欢的工作，你依然能够培养起对工作的热情，而且始终保持这样的激情。

关于对工作的态度，人们经常会引用这个故事：在一个建筑工地上有三个瓦匠砌墙，有路人从这里经过，问他们："你们都在做什么？"第一个瓦匠回答："我在枯燥地搬弄砖石头。"第二个瓦匠回答："我在用石块砌墙。"第三个瓦匠则说："我在建筑一座伟大的艺术品，以便能让它永远地供人欣赏。"

多年以后，第一个瓦匠失业了，穷困潦倒一生。第二个瓦匠还在给人用石块砌墙。第三个瓦匠成为了一名受人尊敬的建筑师。

可见，具有不同心态的人，对工作的态度是大不一样的，只有心态好工作才能做得好，最终就会事业有成。

工作对我们而言究竟是个乐趣，还是枯燥乏味的事情，其实全看自己怎么想，而不取决于工作本身。从工作中获得快乐、成功，以及满足感的秘诀并不在于专挑自己喜欢的事情做，而在于发自内心地喜欢自己所做的工作。就算你注定要做个扫大街的清洁工人，也要对自己的工作全力以赴，以达到最好的工作效果，让每个人都为你驻足赞叹："这个清洁工人做得真好。"

有一句古老的谚语说："湿火柴点不着火。"当你觉得工作乏味、无趣时，不是因为工作本身出了问题，而是因为你的燃点不够高。点燃心中的激情，一切都会好起来。在工作时，只有心中总有一团火在燃烧，你做事的时候才能任劳任怨，最终让你事业有成。

拥有激情也就拥有圆满的人生

有句话说："兴趣是最好的老师。"同样的事情交给同样能力的人去做，有兴趣的人往往能做得更为出色。原因不是别的，就是因为兴趣为人提供了一种不竭的激情。正是这样的激情，使得同样的事情有了不同的结果。

没有激情的人生只能是一潭死水，对工作没有激情，便只是被动地完成手头的工作；对生活没有激情，便只是机械地从一天到另一天耗费生命；对未来没有激情，便只是徒增岁月而不增收获。

人生，就是因为拥有激情，才有了所有的美好。只有处处激情的人生，才是处处满意的人生。

甲和乙是同学，他们同时毕业，同时参加工作。在同学眼里，无论是在技能上还是在智商上，甲都比乙强得多，他们认为将来甲肯定要比乙混得好。而且乙看起来又傻又笨的，肯定没什么发展。在甲眼里，乙就是一个傻乎乎的小兄弟。

两年过去了，甲还是一事无成，而乙进步飞快，还被单位评为"技术能手"。为什么仅仅两年时间变化如此之大呢？

刚走出校门的时候，甲认为自己很聪明，觉得自己做这样的工作是大材小用，对于工作毫无激情，也没兴趣，遇到困难，总是找各种借口躲开。久而久之，他变得懒惰，在师傅眼里，也留下了烂泥扶不上墙的坏印象。结果对他彻底失去了信心，最后放弃他，不管他了。而他也慢慢地自我放弃了，到最后连温饱都成了问题。

乙从一参加工作，就带着一股充满激情的"傻劲"，遇到问题，其他人躲都来不及呢，他却偏去琢磨。时间一久，在单位里，从领导到师傅都喜欢上了乙的这股"傻劲"，认为这小伙子是个可塑之才，就有意培养。乙进步飞快，新点子、新方法层出不穷，时不时就给人来个惊喜，为单位创造了不少的收益，被单位评为"技术能手"。

正是由于乙从始至终都带着一种对工作的激情，才让自己从一个不被看好的、被认为没有任何发展前途的人摇身一变，成为一个被单位同事敬重的"技术能手"。而甲从一开始就对工作没有激情，仅凭借着自己的一点小聪明逃避困难和责任，不求上进，久而久之，从一个意气风发的高才生沦落为一事无成的人。甲和乙的差距就在于有没有激情。

有了激情就有了想要把事情做成功、做好的欲望。没有能力、经验和资金都不可怕，我们可以通过学习、奋斗、寻找和积累来弥补，可怕的是没有激情。如果没有了激情，我们就不想做任何事情；如果没有了激情，在遇到困难和挫折的时候，我们就没有克服困难的力量；如果没有了激情，我们做任何事情都觉得无趣，因为我们失去了鞭策和激励我们向前奋进的动力。

拥有了激情也就拥有了奇迹，同时也就拥有了处处圆满的人生。

以激情来面对工作的人，才能收获工作的成功；以激情来面对生活的人，才能拥有生活的精彩；以激情来面对他人的人，才能赢得他人的热情……我们很多时候就像是和生活打一场壁球，运气、机遇等不过是将我们打出的球弹回来的墙壁，只有我们一开始就带着激情发球，才可能得到满意的回馈。

激情是获得成功的动力和力量，有了激情，通往成功道路的一切困难都会迎刃而解。激情是照亮幸福的一盏明灯，让我们满怀激情地去创造属于我们的奇迹，处处有激情，才能处处有满意。

越努力的人成就越大

事实证明，世界上绝大多数的成功都是人努力的结果，即使是让一颗玉米的种子结出果实这样一件简单的事，也需要人把种子埋进土里，旱了要为它浇水，闹虫灾了要为它喷药，荒了要为它除草。只有你把一切工作都做到位的时候，它才能成熟，结出硕果。

可想而知，在美国，在种族歧视的背景下，一个黑人要成为一个总统会多么难，但历史的法则告诉我们成功只属于那些努力的人。奥巴马就是一个一直努力致力于改善民众生活而又脚踏实地的人。他一直在努力工作，就像他自己在演讲中所说的："在我20多年参与公共事务的过程中，曾与芝加哥南部的社区领袖们共同奋斗，亲眼目睹了为争取良好的就业和教育条件而实现的黑人、白人、拉丁人之间的关系好转。"

奥巴马曾与执法及民权支持者坐在一起，讨论改革一项将几个无辜的人判为死罪的刑事司法制度。他曾与共和党的友人一道致力于为更多儿童提供健康保险，为更多工薪家庭提供减税，制止核武器扩散，确保每一个美国人都了解他们税款的去向……

奥巴马在上海与复旦大学学生互动交流时，一个学生提出这样一个问题："因为您获得了诺贝尔和平奖，所以我想知道您是如何得到这个奖的？还有您的大学教育是怎么样的？我们很好奇，想请您给我们分享一下您的校园经历，如何才能走上成功的道路？"

奥巴马十分有礼貌地回答道："我也不知道有什么课程学了之后可以得到诺贝尔和平奖，不过很显然，各位都非常努力地学习，非常有好奇心，愿意自己去思考一些问题。而我现在经常见到的这些对我最有启发的以及最成功的人，我认为这些人都是那些愿意不断努力工作的人，同时还不断地通过找新的途径进行提高的人，他们不仅仅是接受现状、接受常规。很显然，在成功的问题上殊途同归，有些人想进入政府机构，有些人想当老师、教授，有些人想经商，我认为不管你从事哪个领域的工作，如果你不断地努力更新和改进，而不只是满足于现状，一直在扪心自问，看看是否能够以不同的方式来解决问题的话，那么不管是科学也好、技术也好、艺术也好，去尝试前人没有用过的方法，只有这些人才能出人头地。"

最后，奥巴马说道："我最敬仰的那些成功的人士，他们希望对世界做出贡献，希望对他们的国家做出贡献，对他们的城市做出贡献，他们希望除了对自己的生活有所影响，同时对别人的生活也带来影响……我相信只要在座的你们努力的话也能够做出这样的贡献。"

奥巴马把政治当作是实现自己热情和理想的方式,并且,就如他自己所说,他并没有满足于现状,在努力工作的同时,他还在努力寻找能够更加有利于发挥自己才能、为他人做贡献的平台和机会。

努力工作需要我们放下抱怨。有时候,我们面对自己的工作,总是抱怨自己的起点太低,或者抱怨自己生不逢时……成绩不是抱怨出来的,如果对自己的生活感到不满要寻求改变的话,努力工作是唯一的出路。

乔治大学毕业后,进入到一家文化公司工作。不久,他就听到公司里有员工抱怨说:"原以为进入这家公司能领到很好的薪水和福利,没想到薪水那么少! 更气愤的是,都快一年了,公司都没有给我们涨工资的意思。"乔治并没有参与到这种私下里的发牢骚之中,他只是埋头苦干,任劳任怨。

同事私下里问乔治:"你整天被派来派去地干那么多活,却领那么点薪水,你不觉得太亏了吗? 要是我,早就不干了!"对此,乔治笑了笑,说:"愿意多付出,才更容易收获。我觉得多做事对我的成长只有好处,没有坏处。"

两年过去了,有些比乔治先进公司的员工有的被辞退,有的虽然还留在公司里,但薪水待遇并没有提升多少。而乔治呢? 薪水已经提升了 10 倍,并且担任了编辑室的负责人。

10 年后,乔治离开了这家公司,成立了自己的出版公司。再后来,乔治成了有名的出版人。乔治以自己的努力登上了自己事业的高峰。

在生活中,我们会经常发现才华横溢却不得志的上班一族。他们之所以不得志,主要是因为他们不能端正自己做事的理念,他们认为自己努力做事是在成全老板而不是自己，所以他们工作起来不够热情，不够努力。他们不知道在努力工作的同时，提高的是自己，也不知道自己的未来和前途就取决于自己工作的努力程度。只有当我们努力做出成绩之后，我们的薪水才可能会涨，职位才可能会得到晋升，其实，世界顶级的成功人士也是通过努力工作而最终走到权力巅峰的。

有人说："聪明的人依靠自己的工作，愚蠢的人依靠自己的希望。"我们的努力有时候确实不能够得到及时的回报，这时候，我们依然应当保持斗志，让自己继续努力，因为做事情不像开灯，一按开关，灯就亮了。努力往往要花费很多时间，时间久了，功到自成，回报也自然会来的，但是如果放弃则意味着前功尽弃。

一个人如果能坚持勤奋努力地工作，他身上散发出来的活力和光彩，同样能够得到别人的尊敬和认可，因为努力工作本身就是一种成功，所以，任何时候，你都不要放弃你的努力。

做事要有坚定的信心

要承认，大多数人是有做一番让人称赞的事的愿望，但也要指出，很多人的做事态度是不坚定的，甚至是有问题的，主要的表现就是不肯坚持吃苦，遇到挫折就丧失信心，不肯努力了。

现实中有不少年轻人就是因为这一原因陷入了颓废的境地，他们常常对别人说："我不是做大事的料。""能混口饭吃就已经不错了！"这种人实际上已经承认了自己是个废才，甚至他们已经偏离了人应该具有的正常生活，根本就谈不上什么"进步"与

"成功"。

年轻人要始终富有朝气。振作精神虽然未必能立竿见影，使你马上得到物质上的收益，但是它能够使你的生活变得充实起来，等待奋发的机会。如果不振作精神，做任何事情都敷衍了事，那么你就永远不会有进步。你必须集中你的全部精力与体力去努力拼搏，每天都要使你自己的能力有明显的进步，经验有相当的积累。因为所有的工作都可以用来发展我们的才能，丰富我们的经验。相信"天生我材必有用"，最终也一定会做出一番业绩的，虽然不能名垂千古，但也不要虚度此生。

世界上的各种伟大事业没有一件是只想"填饱肚子"的人，或者得过且过的人干成的。做成这些大事业的人，都是那些意志坚定、不畏艰苦、充满热忱的人。试想，一个想创作一幅名作的画家，如果他拿笔的时候心不在焉，连要画什么都没想好，能画成一幅传世名作吗？对一位想写一首脍炙人口的好诗的诗人来说，对一个想创作一部为人传诵的名著的作家来说，对一位想研究出一门有利于人类的科技成果的科学家来说，如果他们工作之初就没有信心，工作起来又无精打采，那么他们有成功的一天吗？

有人曾说，如果想把事情做到完美的境地，就非得有深邃的眼光、充分的热诚，以及良好的规划能力不可。确实如此，一个生机勃勃、目标明确、深谋远虑的人，一定会接受任何艰难困苦的挑战，会集中心思向前迈进。他们从来不认为生活是可以得过且过的，所以，他们的生活日日是新的，他们的每月每天都在按计划进步，他们知道，一定要向前进，不管是进了一寸还是一尺，最重要的是每日都在朝着目标前进。他们从不担心自己的能力不够、经验不足，唯恐自己沦落为一个仅能混口饭吃、仅能填饱肚子的人。

世界上有无数的人在浪费自己的潜能和时间，每当遇到必须由他们自己来负责的事情，他们还总是习惯性地躲避，恨不得马上有人伸出援助之手，来帮助他、保佑他。

如果所有的年轻人都像他们这样懒散成性，那么无论何时何地，都不会有他们的立足之地，没有人会需要他们。而相反，一个富有思想和判断力、具有创造力、能够刻苦耐劳的人，随处都可以立足，在哪里都有希望。而另外一些人只会埋怨机会太少，或怀才不遇，这种人是一辈子都不会有出息的。

如果从各方面来观察，我们就可以看出一个无法跻身于一流人物的人是什么样的。他们常常习惯于浪费时间、空耗精力，他们的理解力也很差，言谈举止也显得很迟钝，这种人不会有什么发展的余地。

还有一些人也注定不会有所成就，他们一有机会，就放纵自己，尽情享乐，不求进取，肆意挥霍自己的精力、体力和脑力，结果在醉生梦死中虚度一生。

那些不畏挫折、不畏艰险，勇敢前行努力拼搏的人，内心充满斗志，无视前方的任何艰难险阻，眼中只有未完成的目标，只有这样勇敢付出的人，才有可能攀登上事业的高峰。

逆境能磨炼人的坚强意志和精神

世间人常说的一句话是：逆境出人才。人们最出色的工作往往是在处于逆境的情况下做出的。逆境是对人生的一种考验，是对人的生活的一种磨炼。

一个人生活在世上，不可能永远走平坦的路。人生最根本的问题就是苦，"苦"有生、老、病、死苦，再加上怨憎会苦、爱离别苦、求不得苦，能看透人生最根本的问题是苦，其他还有什么比它再苦的呢？

佛曰："逆境是增上缘。"佛陀还告诉我们："十方三世一切佛皆以苦为良师。"没有苦不可能成道。如果一个人想更坚强，就应该接受逆境的磨炼；顺境不一定就好，逆境也不一定不好。

在顺境中修行，永远不能成佛。在我们现在生活的世界，因为有苦，所以人会努力、思考、精进，才会思变，才会改变，才会领悟。这就叫因苦成佛。

生活中挫折是在所难免的，重要的不是绝对避免挫折，而是面对挫折采取积极进取的态度。勇敢面对艰险，不怕挫折，这是一种积极心态，更是人生必修课。

公元743年，唐朝的鉴真和尚第一次东渡，正准备从扬州扬帆出海时，不料被人诬告与海盗串通，东渡未能实现。同年年底，鉴真和同船856人第二次东渡。刚一出海，就遇到了狂风恶浪，船只被击破，船上水没腰，这次东渡又告失败。

鉴真修好船后，到了浙江沿海，又遇到狂风恶浪，船只触礁沉没，人虽上岸，但水米皆无，他们忍饥挨饿好几天，才被搭救，第三次东渡又遇挫折。第四次东渡因人阻拦，也未成功。

遭受挫折最为惨重的是第五次东渡。公元748年，鉴真一行345人又从扬州乘船东渡，船入深海不久，就遇上特大台风，船只受风吹浪涌漂到浙江舟山群岛附近。停泊三个星期后，鉴真再度入海，不料又误入海流。这时，风急浪高，水黑如墨，船只犹如一片竹叶，忽而被抛上小山高的浪尖，忽而陷入几丈深的波谷。

这样漂了七八天，船上的淡水用完了，每天只靠嚼点干粮充饥。口渴难忍时就喝点海水，这样苦熬了半个多月，最后漂到了海南岛最南端崖县，才侥幸上了岸。他们跋涉千里，历尽千辛万苦才回到了扬州。在路上几经磨难，63 岁的鉴真身染重病，以致双目失明。即使是在这样的情况之下，鉴真东渡日本的决心丝毫未动，仍为第六次的东渡做准备，后来终于获得了成功。

逆境，对弱者是一种打击，对强者却是一种激励。逆境之所以出人才，是因为人能够正视生活中的种种困难，有迎难而上的精神，有坚持不懈的意志。逆境是块磨刀石，它能磨砺出奋发向上的意志和百折不挠的精神，逆境是所学校，人能在这里学到丰富的人生知识。

所以，人要乐于迎接人生中的每一个逆境，这才是真正的修行之道。在实现自我追求、幸福的过程中会遇到各种逆境，我们要能够"千里云海漫漫路，虔心不移志如磐"。很多人刚开始满怀信心地踏上人生大道，但是只要一遇到逆境就向后转，情况好点的就留在原地踏步，只有那些能突破瓶颈过关斩将的人才是真正的英雄好汉。

主动接受最强风浪的锻炼

晚来天阴，乌云齐聚，山脚的寺院里传来诵佛的声音，其中一个小和尚由于精神溜号，敲木鱼的时候明显节奏不对，时快时慢，似有什么心事。

住持不悦，问小和尚为何心不在焉。小和尚吞吞吐吐，终于说出了原委。原来多日前小和尚上山时，发现一只失去母亲的雏鹰，他看小鹰无依无靠，就给它在山崖上垒了一个窝，让它居住，每日照顾。现在，眼看着大雨将至，小和尚担心小鹰的性命。

"不必担心。"住持说，"雄鹰都能搏击风雨，你护得了一时，也护不了一生。"

一夜暴风骤雨，第二天，小和尚匆忙赶往山崖，没走几步，就看到一只翅膀长好的雏鹰在湛蓝的天空中飞翔，小和尚终于相信了住持的话。

雏鹰的翅膀如何能变得结实？要靠它一次次冲向天空，甚至搏击风雨。正如故事中住持所说，成长是一个人的事，没有人能照顾你一生一世。而风雨就是锤炼的过程，你经历过，战胜过，就成了强者，就有了更多对抗困难的资本。故事中的小鹰在风雨后飞上天空，生活中的我们也同样需要在苦难中洗净铅华。

人们经常为自己的处境产生焦虑心理。世事难以如意，所有的路程都不能一帆风顺，总会出现或大或小的波折，灰心丧气在所难免。特别是自己不论如何努力都做不好，别人却轻轻松松步步高升时，那种焦虑更加明显，足以让人睡不着觉。现代人为什么那么容易失眠？因为他们认为自己机会不多，必须抓紧每一个，所以才会事事担心，希望事事顺利。可是，焦急的结果常常是事与愿违，让他们更加一蹶不振。

苦难是财富，还是屈辱？当你战胜了苦难时，它就是你的财富；可当苦难战胜了你时，它就是你的屈辱。

风雨中，如何保留一颗慧心，让每一次磨难将混沌的心境打磨得更圆润、更明晰？这需要你坚定自己的目标，要明白所有风雨不过是锤炼，你不能跟着它东倒西歪，风雨越是猛烈，你越是要抱定目标，不屈不挠。要知道，在乎流言的人，只能被流言拖着走；在乎成功的人，只会向目标奋起直追。还是那句话，你在乎什么，就决定你能得到什么。

被动地接受锤炼，不如主动锤炼自己。一开始就处在顺境中的人，其实比逆境中的人更危险。他们习惯了风平浪静，走得越远，就越不知道如何应对风暴。而那些从逆境中跋涉而来的人，身经百战，早已习惯了周详布局，临危不乱。在年轻的时候，不要追求所谓的顺利，主动接受风浪最强的锻炼，只要通过考验，你就会获得一生中最宝贵的财富：经验、勇气、智慧，还有生生不息、不向任何环境低头的力量。

你出色才能够做出色

我们常讲的成功多数指事业上的成功，这是一种大成功，一般地讲，如果一个做不好自己本职工作的人是做不成事业的。看一个人能不能开拓出一项事业，从他做的具体工作上就看得出来。只有一个用心工作、对工作负责、对社会负责的人，才能做大事。

为了自己也好，为了自己入职的企业也好，只有能够用心工作，对待工作如对待自己的事业那般投入和虔诚，带着强烈的事业心和责任感去做事就会出业绩！用心工作，应该成为每一位员工所追求的职业精神。

一个员工是否能够用心工作，其结果的差别是很大的。如果不是用心工作，不是带着自己的真心、诚心、良心去做事，那么，他往往不能达成企业及他自己预想的效果，而用心工作的人往往能够将工作做得非常出色。

看下面这个小故事：

一个小和尚在寺庙专管撞钟，撞了半年，觉得无聊至极，尽管他每天都能按时撞钟，但半年下来住持却很不满意，就调他到后院劈柴挑水，原因是他不能胜任撞钟一职。

对此，小和尚很不服气，问住持："我撞的钟难道不准时、不响亮？"

老住持告诉他："你撞的钟虽然很准时，也很响亮，但钟声空乏、疲软，没有感召力。钟声是要唤醒沉迷的众生，因此，撞出的钟声不仅要洪亮，而且要圆润、浑厚、深沉、悠远；而你没有撞出这样的效果。"

是啊，小和尚撞钟不过是走形式而已，并没有融入"唤醒众生"的心，这样撞出来的钟声自然不能达到老住持所要求的效果。

现实中，我们对待工作的态度也如此，如果只是抱着"做一天和尚撞一天钟"的心态工作，不仅对个人的进步无益，也影响自己的前途。

用心工作，才能将工作做到位，才能对工作中的每一件小事情都精益求精。一个用心工作的人，不仅为企业创造了价值，同时他还能为实现自己的理想打好基础。

可见，如果一个人将来要干成一项事业的话，首先要对工作有一种热爱，以饱满的精神投入工作，并且专心致志地做好每一件具体工作，最后才能完成自己的大目标。

　　微软公司董事长比尔·盖茨说过："如果只把工作当作一件差事，或者只将目光停留在工作本身，那么即使是从事你最喜欢的工作，你依然无法持久地保持对工作的热情。但如果把工作当作一项事业来看待，情况就完全不同。"

　　IBM 创始人托马斯·约翰·沃森说："如果你想做得出色，你就一定能够做到，只要从你有这个想法的一刻开始，停止再做碌碌无为、草草了事的工作。"

　　石油大王洛克菲勒说过："如果你视工作是一种乐趣，人生就是天堂。如果你视工作是一种义务，人生就是地狱。"

　　比尔·盖茨、托马斯·约翰·沃森、洛克菲勒，这些人之所以在事业上取得巨大的成功，与他们上述的工作态度是密不可分的。所以，让我们用心工作吧，将工作当成自己的事业来对待，只要坚持工作热情，我们相信，总有一天，我们也会成为成功人士中的一员！

第七章
路要靠自己走，人生没有铺好的路等着你去走

　　人的一生不可能一帆风顺，因为前面既没有一条铺好的路等着你去走，也没有固定的方向指引你前进，一切都要靠自己去摸索，经验要靠自己在实践活动中积累。如果靠别人，那么你可能永远只是大树下的小树，弱不禁风，失去了成为参天大树的机会。而且别人也不一定靠得住，没有人会扶着你一步步地走，或者为你拨开荆棘，让你一路平坦。所以，人生路是要靠自己走的。

不畏将来 不念过去 活在当下

自己的苦只能自己扛

"滴自己的汗，吃自己的饭，靠人、靠天、靠祖上，不算是好汉。"人，不能拒绝长大，很多事情只有自己去解决，事事依赖他人，就好像坐着轮椅生活，一旦这个轮椅丢失，将会寸步难行。

人生这条路上，再多的苦，只能由自己来扛。

一条小巷，一个女人，一小罐煤气，一张简单的操作平台，拼合成了一道独特的风景。

她只卖三样小炒：尖椒肉丝，尖椒牛柳，尖椒炒鸡蛋。菜式单一，顾客却不少。

她很干净，每过一会儿就会换一副围裙，换一副袖套；她很雅致，每卖一份小炒，就在装菜的快餐盒里放上一朵自己雕刻的萝卜花。"这样装在盒子里的，才好看。"她说。

也许是冲着她的小摊干净，也许是冲着雅致的萝卜花，也许是冲着她长得好看，每到饭点，她的摊前都围满了人，6～10元一份的小炒，大家都耐心地等待着。女人娴熟地翻炒着，那样子就像一个贤惠的家庭主妇，整个过程都让人感到亲切和美丽。于是，一朵一朵素雅的萝卜花，就开到了人们的饭桌上。

女人是个有故事的人。她曾经有个富裕的家，老公在市中心的繁华街上开了一间商铺，生意很是不错，她原本的工作就是相夫教子，闲时和姐妹们逛逛街、旅旅游，生活得轻松而惬意。然

· 126 ·

而很不幸，她的老公因为酒后驾驶出了事故，医院当场就下了病危通知书。女人几乎倾尽所有，赔人家的钱，救自己的老公，最终也只是捡回了男人的半条命——他截肢了。

生活从此一贫如洗。年幼的孩子，瘫痪的男人，女人得一肩扛一个。有人曾劝女人带着孩子离开，这话就连她的老公也曾说过，她很认真地告诉他们，不要再说这样的话，无情无义的事情她做不到。

她不能出去工作，因为朝九晚五的制度让她无法照顾老公和孩子。她长得漂亮，有人曾想让她做情人，她严词拒绝了。但一家人总不能就这样活活饿死吧。想了又想，她决定摆摊卖小炒，虽然会很累，虽然会让熟人看不起，但只要中午和傍晚两个饭点出来就可以了，她有更多的时间照顾家里那不能自理的两个人。

老公说，街上那么多家饭店，你这家庭主妇的手艺能卖得出去吗？女人一想，也是，总得有个让人记着的卖点吧？于是她想到了萝卜花，她从小手就巧，以前生活清闲，有大把的时间布置一顿雅致的晚餐，她总喜欢雕萝卜花做装饰。一根根再普通不过的胡萝卜、"心里美"萝卜，到了她的手里，就能开出一朵朵美丽的小花。女人为自己的这个小"创意"，暗自欣喜了一番。

就这样，她的小摊子摆开了，而且很快成了这条街上的一道独特风景。街上的人如果不愿意做菜，自然而然就会想到她的萝卜花。她的生意就这样慢慢红火起来了。有人开玩笑地问女人，这么好的生意，攒了不少钱吧？她笑而不答。

不到两年的光景，女人竟出人意料地盘下了一家临街的饭店，用她积攒的钱。她在后厨配菜，她的瘫痪男人则在前台管账。她还是那样干净、雅致，所有的菜肴里依然会放上一朵她雕刻的萝卜花。

"菜不但是吃的，也是用来看的。"她说，眼波明亮，流光溢彩。一旁的男人，气色也好，丝毫不见颓废的样子。

女人的饭店，也渐渐出了名，提起萝卜花，大家都知道。

生活也许会让你陷入孤苦无助的低谷，但如果你能用自己的双肩把生活的苦扛起来，低谷中也能盛开美丽的萝卜花。

逆境，不意味着绝境，更何况还能"置之死地而后生"。是生是死，一切都取决于我们自己。谁能直面人生的惨淡，敢于正视鲜血的淋漓，那么所有的一切对他来说，不过就是一场挫折游戏。

自己要有站着的能力

生命之本在于自立自强，人格独立方能使生命之树常青。依附他人而活，就算一时能博得个锦衣玉食，也不会安枕无忧，一旦这个宿主倒下，你的人生就会随之轰然倒塌。

依附对于某些人来说是一种生活的无奈，对于某些人来说是一种"好风凭借力，送我上青云"的所谓捷径，但无论如何，你要有自己站着的能力，否则就算有人真的愿意将你推向高峰，你也不可能一直挺立下去。在这个充满竞争的时代中，我们应该更多地丰盈自己的武器库，装满生存技能，才不至于一败涂地。所以，不要一直幻想着天降贵人，自己才是一切问题的关键，在时间无情的流逝里，我们所能保留、能永恒的莫过于自己。

曾看到过这样一则寓言，感慨良多：

一只住在山上的鸟与住在山下的鸟在山脚下相遇。山上的鸟说："我的窝刚搭好，参观吧。"山下的鸟便跟着去了，到那儿一看——什么鸟窝？不就是光秃秃的石缝里放着几根干草吗？

"看我的去。"山下的鸟带着山上的鸟来到一家富人的花园。

"看，那就是我的窝。"山上的鸟仰头望去，果然看到一只精致的木制鸟窝悬挂在紫荆树梢上，那窝左右有窗，门面南而开，里面铺着厚厚的棉絮。

山下的鸟自豪地说："像我们这种鸟，有漂亮的羽毛，叫声又不赖。找个靠山是非常容易的。假如你愿意，以后我给你说说，搬这儿来住。"

山上的鸟没有回答，展翅飞走了，再没有回来。

不久后的一天，山上的鸟正在石缝窝里睡觉，听到门口有叫声，伸头一看，山下的鸟正狼狈地站在那儿。它身上的羽毛已不平整，哭丧着脸对山上的鸟说："富翁死了。他的儿子重建花园，把我的窝给拆了。"

人活着，还有什么比依附于人更低气？又有什么比依靠自己更长久？山下那只鸟依附在富翁家中，虽有一时的光鲜，却终敌不过石缝中的几根干草。与其依附他人，不如好好利用自身资源，求人不如求己。

自己才是生命中的主角

为什么我们的两颗眼珠都是朝着前方？那是因为我们要多看看别人，不要只看自己。为什么我们的两只胳膊都朝里面弯？因为我们要多靠自己，尽量不要依赖别人。可是，有些自以为聪明的人往往违背了生命的本意，他们的两只眼睛总是盯着自己是否得到了什么，而两只胳膊又总是伸向别人，去要求、去索取，就像寄生虫一样地活着。更有甚者，甚至索性用卑微的态度去博取同情，用抱怨的话语去求得认同，事实上，你得到的不是同情与认同，而是越来越重的鄙夷。到最后，连你自己都会在这些负面的念头中彻底沉沦。

我们来看看下面这则故事。

威廉姆斯走出办公大楼，身后突然传来"嗒……嗒……嗒……"的声音，很显然，那是盲人在用竹竿敲打地面探路。威廉姆斯愣了片刻，接着，他缓缓转过身来。

盲人觉察到前方有人，似乎突然矮了几厘米，蜷着身子上前哀求道："尊敬的先生，您一定看得出我是个可怜的盲人吧？你能不能赏赐这个可怜人一点时间呢？"威廉姆斯答应了他的请求，"不过，我有事在身，你若有什么要求，请尽快说吧。"他说。

片刻之后，盲人从污迹斑斑的背包中掏出一枚打火机，接着说道："尊敬的先生，这可是个很不错的打火机，但是我只卖2美元。"威廉姆斯叹了口气，掏出一张钞票递给盲人。

盲人感恩戴德地接过钞票，用手一摸，发现那竟然是张百元美钞，他似乎又矮了几厘米："仁慈的先生啊，您是我见过最慷慨的人，我将终生为您祈祷！愿上帝保佑您一生平安！先生您知道吗？我并非天生失明，我之所以落到这步田地，都是拜15年前迈阿密的那次事故所赐！"

威廉姆斯浑身一颤，问道："你是说那次化工厂爆炸事故？"

盲人见威廉姆斯似乎很感兴趣，说得越发起劲："是啊，就是那一次，那可是次大事故，死伤好多人呢?!"盲人越说越激动："其实我本不该这样的，当时我已经冲到了门口，可身后有个大个子突然将我推倒，口中喊着'让我先出去，我不想死！'而且，他竟然踩着我的身子跑出去！随后，我就不省人事，等我从医院中醒来，就已经变成了这个样子了！"

谁知，威廉姆斯听完以后，口气突然转冷："肖恩，据我所知事情并不是这样，你将它说反了！"

盲人浑身一颤，半晌说不出一句话来。威廉姆斯缓缓地说："当时，我也在迈阿密化工厂工作，而你，就是那个从我身上踏过去的大个子，因为，你的那句话，我这一生也忘不了！"

盲人怔立良久，突然一把抓住威廉姆斯，发出变调的笑声："命运是多么的不公平！你在我身后，却安然无恙，如今又能出人头地，我虽然跑了出来，如今却成了个一无是处的瞎子！这灾难原本是属于你的，是我替你挡了灾，你该怎么补偿我?!"

威廉姆斯十分厌恶地推开盲人，举起手中精致的棕榈手杖，一字一句地说道："肖恩，你知道吗？我也是个瞎子，你觉得自己可怜，但我相信我命由我不由天！"

遭遇相同，境遇却大相径庭。有人甘愿沦落，以落魄博取同情，有人自食其力，博得个满堂红。这便是"能人"与"懦夫"的区别。

那么，当你看见如这位盲人一般猥琐的人时，心中是否产生了厌恶感呢？请注意，不要让自己成为那样的人。你抱怨再多，也不可能改变现状，唯有行动才能帮助你开辟一片属于自己的天地；你处境再难，也不是沉沦的借口，同情不可能将你从深渊中拯救。不要让别人觉得你可怜，无论我们最终会成为什么样的角色，但你必须是自己生命中的主角。

让自己的内心真正强大起来

你所有的不幸，只能算是生命之歌中一串不协调的音符。通过调整与努力，仍然可以奏出动听的乐章，同样可以博得满堂的喝彩！为你伴奏的人不必太多，不要总是把目光盯在别人身上，不该把别人的缺失当作自己堕落的理由。

如果一个人，不信任自我，不承认自我，不去发展自我，他还能做什么？扶不起的阿斗，就算别人想帮，又能帮得了多少？人生这条路，没人能够抬着你走完，寄希望于自我才是最可靠、最有利的成功法则。

多年前，美孚石油公司董事长贝里奇到开普敦巡视工作，在卫生间里，他看到一位黑人小伙子跪在地板上擦水渍，并且每擦一下，就虔诚地叩一下头。贝里奇感到很奇怪，问他为什么要这样做，黑人小伙子回答说，他正在感谢一位圣人。

贝里奇为自己的下属公司拥有这样的员工感到欣慰，接着又问他为何要感谢那位圣人，黑人小伙子说，是圣人帮他找到了这份工作，使他终于有了饭吃。

贝里奇笑了，对他说："我曾遇到一位圣人，他使我成了美孚石油公司的董事长，你愿见他一下吗？"

黑人小伙子感激地说："我是个孤儿，从小由锡克教会养大，我很想报答养育过我的人，这位圣人若使我吃饭之后还有余钱，我愿去拜访他。"

贝里奇告诉他："在南非有一座很有名的山，叫大温特胡克山。那上面住着一位圣人，能为人指点迷津，凡是能遇到他的人都会前程似锦。20 年前，我来南非登上过那座山，正巧遇到他，并且得到他的指点。假如你愿意去拜访，我可以向你的经理说情，准你一个月的假。"

这位黑人小伙子在 30 天的时间里，一路披荆斩棘，风餐露宿，过草甸、穿森林，历尽艰辛，终于登上了白雪覆盖的大温特胡克山，他在山顶上徘徊了一天，除了自己，什么都没有遇到。

黑人小伙很失望地回来了，他遇到贝里奇后，说的第一句话是："董事长先生，一路我处处留意，直到山顶，我发现除了我之外，根本没有什么圣人。"

贝里奇说："你说得很对，除你之外，根本没有什么圣人。"

20 年后，这位黑人小伙做了美孚石油公司开普敦分公司的总经理，他的名字叫贾姆纳。

当你发现自己的那一天，就是你遇到圣人的时候。这个世界上，有谁会在看穿你的软弱之后，一直默默替你坚强？不要叹息，世界就是这么现实，只有强者才能适应它的规则。人，总要学着自己长大，然后再学会坚强，最后才能实现自己的梦想，我们只有让自己的内心真正强大起来，才会走向成功。

人生没有如果，很多事情轮不到我们选择，但我们可以依靠自己的努力去争取不一样的结果，让自己更有尊严地活在这个世界上。生活大抵是公平的，它不会让一直奋斗的人一无所获，我们的生命再卑微也有在阳光下舒展的时候。

学着为自己建造一座避难所，那是生活中需要随时准备的，不要当风雨来临之际，一无所有地伫立在漫天的风雨里，将心灵的衣裳打湿，将自我淋落的心沮丧在无边的、潮湿的深渊里。下雨的时候，我们不必寄希望于别人能够送把伞来，要学会编织自己的人生遮雨伞，当你闯过风雨、跨过泥泞，前途便是一片光明，而这一切，都在自我的辛勤创造中。

人需要勇气和自信

有一位叫麦斯维尔的世界著名的心理学家说：世界上至少有95%的人都有自卑感。为什么这么说呢？因为"金无足赤，人无完人"，每个人都不是完美的，都有自己的缺陷。当你用自己的不足与别人的长处相比的时候，自卑就产生了，而实际上这根本是没有必要的。而且缺点也是可以克服的，就看你自己怎么去看待。另外，从某种意义上说，缺陷也不是完全被动和无意义的，有时也是可以利用的。

我们应该首先客观认识世上完美的事物，大海还有涨潮和退潮，月亮还有阴晴和圆缺，更何况人类呢？就是在这种不完美的状态下，我们寻找着欢乐，向不完美发出挑战，在力所能及的范围内做得更好一些，以接近完美。

法国著名的思想家、哲学家、政治理论家和作曲家卢梭说过："种种优劣品质，构成了生命的整体。"正是因为我们都不完美，所以才有了发展的空间。人的一生，就是同自己的一场战斗，不停地挑战自己、改善自己、完善自己，所以，人生才变得有意义。

美国第32任总统罗斯福小的时候是一个非常胆小的男孩，脸上总是显露着一种惊恐的表情，甚至背课文也会双腿发抖。但这些缺点没有将他打垮，反而让他更加努力地改进自己。他从来不把自己当作不完美的人看待，他像其他强壮的孩子一样做游戏、骑马或从事一些剧烈的运动。他也像其他的孩子一样以勇敢的态度去对待困难。

在未进大学之前，他已经通过系统的运动和生活锻炼，将健康和精力恢复得很好了。他努力地改进自己，以至晚年，已很少有人能够意识到他以前的缺陷，他也因此而成为最受美国人民爱戴的总统之一。

可见，一个人只有拥有自信才能勇敢地去做自己想做的事情。一个人的心中没有怯弱的意识和感觉，许多事情就会好办得多。

玛丽亚·艾伦娜·伊瓦尼斯是拉丁美洲的一位女销售员，她在 20 世纪 90 年代成为《公司》杂志所评选的"最伟大的推销员"之一。在当时女性地位还比较低，她的成就的确让许许多多人刮目相看。

她曾在一个月的时间里旋风般地穿行于厄瓜多尔、智利、秘鲁和阿根廷，不断地游说于各个政府和各个公司之间，让它们购买自己的产品。而在 1991 年，她仅仅带了一份产品目录和一张地图就乘飞机到非洲肯尼亚首都内罗毕，开始她的非洲冒险。

她经常对别人说："如果别人告诉你，那是不可能做到的，你一定要注意，也许这就是你脱颖而出的机会。"所以她总会挑战那些让人望而却步的工作，而这种毫不畏惧的精神和超级的自信，也让她成为南美和非洲电脑生意当之无愧的女王。

事实上，像这样的例子不胜枚举，《假如给我三天光明》的作者海伦·凯勒有 87 年生活在无光、无声的世界里，却先后完成了 14 本著作，脍炙人口的《假如给我三天光明》只是其中的一本。她一生致力于为残疾人造福事业，曾荣获"总统自由勋章"，被《时代周刊》评选为"20 世纪美国十大英雄偶像"
之一。

可见，相信自己，并为相信的事情努力往往会创造奇迹。有
时，我们需要的就是勇气和自信，面对任何困难都不逃避，就算
遇到再大的困难也坚信自己终会胜利。

有时，当我们确定自己真的遭遇了失败时，如果进行反思可
能会有一个惊人的发现，那就是战胜困难并非不可能，只是存在
于内心的不自信让我们最终选择了逃避。当遇到困难时，耳边总
会有一个声音对我们说："放弃吧，我们根本就过不了这个坎。"
于是，我们原有的自信就会一点点减弱，直至丧失殆尽。

人的潜能是无限的，它足以使我们创造出所有的人间奇迹，
而大多数的人之所以没有办法将自己体内潜藏的能量激发出来，
就是因为怀疑和不自信动摇了他们的信心，以至阻碍了对自己潜
能的发掘。当你试着相信自己、重拾信心勇敢面对的时候，或许
你会取得连自己都感到惊讶的成绩。

不要让消极的人影响你的心态

据说狼群在深夜对天空长嚎时，每一匹狼都有不同的音调。
即使是具有最高管理权力的头狼，也没有权力去要求其他的狼模
仿自己的声音嚎叫，因为每一匹狼都是有其独立的个性的。这种
独特的个性决定了它们只能做自己。

在阿根廷的潘帕斯草原上，曾有人抓到了一只母狼，然后给
这只母狼套上了铁锁链。之后这只狼向人们展示了它独特的特
性，为了自由，这只母狼拒绝吃人们抛给它的任何食物。每到晚

上，它就会对着天空嚎叫，声音是那么凄凉、悲壮，周围的老牧民们听到这样的狼嚎，都忍不住流下了热泪。

母狼连续几天拒绝进食，并且连续几天在夜里长嚎。每当有人走近它的时候，它的眼里就冒出仇恨的火光。即使人们很可怜母狼，但也不会放了它，最后，人们杀掉了这只整整7天没有吃食物的母狼。

在即将死亡的那一刻，牧民们惊奇地发现，母狼眼睛里那仇恨的目光不见了，取而代之的是善良，是和善的表情，也许是在感谢牧民们让它的灵魂重获自由吧。

在动物界，狼是桀骜不驯的动物，这种个性让它们成为最难驯服的动物之一。生活中，我们每个人都应该像狼一样努力去做自己，因为只有这样，才是对自己生活、命运的负责，才是对自己的最大关爱和尊重，同时，也只有这样，才最有可能创造出最美好的未来。

当面临重大人生选择时，别人的意见是要听的，但不应照单全收，也不该屈从，而需要坚信自己，要经过自己慎重的考虑，再由自己做出判断和选择。

坚信自己首先就得认识自己。只有认识了自己，才能把自己和其他人区分开来，才不会人云亦云、随波逐流。事业有成者与平凡人的区别就在于，平凡者的依赖性很强，而成功者的独立性很强。

平凡者常挂在嘴边上的一句话就是：在家靠父母，出外靠朋友。一个"靠"字，就永远改变不了自己受穷、被人主宰的命运。

成功者在什么时候都是很独立的，因为他们不想把自己的命运让别人来掌控。他们很清楚地知道，如果自己不能挥鞭策马前行，那么别人的鞭子就会抽在自己的脊背上，让自己成为被驾驭者，这在他们看来，等同于人生失去了意义。

现实中往往会有这样的情况：如果你告诉一些处境与你相近的朋友：总有一天我会成为这家公司的副总裁。会出现什么情况呢？你的朋友一定认为你在开玩笑，即使有人相信你真有那个意思，他也会说："傻小子，你以为你是谁啊？别做白日梦了！"

而如果你再以同样的口吻把那句话重复说给公司的总裁听，他会有什么样的反应？有一点是可以确定的，就是他绝不会笑。他会专注地听，然后问："小伙子，你真是这样想的吗？"成功者绝不会嘲笑别人的野心，因为他们深知野心的可贵。

又比如，你对你的一些朋友说，你计划买一辆百万美元的汽车，他们一定会笑你，他们认为你是在发神经。但是你告诉已拥有百万美元汽车的人，他们并不觉得稀奇，因为他们已经做到了。

总之，你要注意，不要让消极的人影响你的心态，消极的人随处可见，专门喜欢破坏他人的积极思想。消极者不一定就是坏人，但他们缺乏热情和勇气。也有些自己不求上进却很喜欢嫉妒的人，见不得别人好，希望你和他们一起甘于平庸。他们自然也不希望你表现得比他们好，所以，尽量远离那些平庸的人，至少在思想上要远离他们，不要让他们消减你的自信心，阻碍你前进的步伐。

所有的成功者都认为，美丽的人生，就是按照自己的方式去做自己喜欢做的事情！

靠别人不如靠自己

悬崖上，老鹰一次生下四五只小鹰，由于鹰的巢穴很高，所以老鹰猎捕回来的食物只能喂一只小鹰，而最终吃到食物的小鹰往往是抢得最凶的那一只。弱小的鹰因抢不到食物，最后就饿死了。当幼鹰长到足够大的时候，鹰妈妈就会把存活下来的小鹰从巢穴里赶下去。当这些雏鹰开始坠向谷底的时候，它们就会拼命地拍打翅膀来阻止自己继续往下落，最后，它们的性命保住了，因为它们掌握了生存的本领。

"物竞天择，适者生存"，这是自然界的不二法则。其实人类社会也和自然界一样，存在着优胜劣汰，同样只能靠自己、靠实力立足。有一句激动人心的话，很多人都耳熟能详："流自己的汗，吃自己的饭，自己的事自己干，靠天靠地靠祖先，不算是好汉。"这是郑板桥留给他儿子的人生箴言。郑板桥老年得子，对其宠爱有加，病逝前希望吃儿子亲手做的馒头，当儿子费了九牛二虎之力做好送来时，他已溘然长逝，临终留给了儿子这句话，真乃至理名言！郑板桥如此疼爱儿子，临终也不忘告诫儿子一个可贵的道理：千靠万靠，不如自靠——天地万物之间，最能依靠的人是你自己。

人的一生不可能一帆风顺，因为前面既没有一条铺好的路等着你去走，也没有固定的方向指引你前进，一切都要靠自己去摸索，经验要靠自己在实践活动中积累。如果靠别人，那么你可能永远只是大树下的小树，弱不禁风，失去了成为参天大树的机会。而且别人也不一定靠得住，没有人会扶着你一步步地走，或者为你拨开荆棘，让你一路平坦。所以，人生路是要靠自己走的。

一个人在社会上打拼需要人脉，也需要机遇，但归根结底还是需要实力。一个人没有一定的实力，是很难在这个社会上立足的。大家都知道一个国家在国际中的地位靠的是综合国力，也就是说靠的还是一个国家的实力。一个公司是否能在激烈的竞争中生存下去，靠的也是实力。一个人是否能够取得成功，靠的还是个人实力。一个人的核心竞争力就是实力，一个人如果没有实力那就只会输得一败涂地。

第八章
光明由心而生，每个人都会面对一段幽暗的时光

想要等到黎明前的曙光，首先要做的就是想办法度过漫漫长夜。这是一个艰难、漫长、备受"煎熬"的过程，同样也是一个必经的阶段。黎明之前必然经历黑暗，因为有了黑暗，探寻光明的价值才会充分体现出来。黑暗只是实现梦想的必经之路，因为黑暗的侵袭而放弃希望的人，最终只会被黑暗所吞噬。相反，那些在黑暗中仍然仰望光明并孜孜以求的人，终究会把无法事先布置的生命舞台前的那条黑色布幔拉开，看到色彩斑斓的宏图。

学会在挫折中积蓄力量

在送别时，人们常常喜欢用"一帆风顺"来做最后的结语。但是自然界的常识告诉我们：只有风帆直面风浪的时候，才会走得顺利。其实，那些人生中的挫折就是吹向风帆的风，只有坚持住，直面它，才有可能顺利地前行。成功后不偏离最初的梦想，受挫后不迷失坚持的方向，这也正是一个成大事者的气度。

常常有人抱怨自己的一生不如意，总是遭受各种无端的挫折，而一旦陷入这样一个循环中，那么越来越多的不如意也就会不期而至。有很多人习惯将人生比作一场旅行，那些不经意经历的挫折，在很大程度上都可以看成旅行中的岔路，只有历经这些岔路之后，才能找到正确的方向。当我们在荒野中迷失了方向时，应该感谢上天让你有了自救的能力；当我们在工作的时候，老板的训诫让你不再犯同样的错误。

熟悉瓷器行当的人都知道，绝顶的瓷器是有着灵性的，它体现的是烧瓷人的性格。而一位著名陶艺师以其二十年来对陶艺的坚持与喜爱，并不断地向前辈、大师学艺，历经无数次的挫折和失败，最终形成了独具一格的作品特色。

在陶瓷艺术中，这位陶艺师是一名十足的"痴人"，艺术已经完全融入了他的生命之中。他总是强调自己的名字中带有火字旁，他也很在意这个火，"都说炉火纯青才能让瓷器摇曳生辉"，与传统的瓷器烧制方式有所不同，他通过改变火在窑炉中穿行的过程来烧制别具一格的瓷器。

在材料方面，他也不同于传统的柴烧方式，而更多地运用燃气窑、电窑等多种方式来保证他想要的温度。特别是他最钟爱的小口瓶瓶口的直径只有 0.1 厘米，工艺难度非常高。根据这位陶艺师的介绍，这样的瓶子，通常来说，烧 10 个，其中的 9 个都会以失败告终。可正是因为这样的工艺难度，才让他往往要埋头于自己的工作不断地寻求改进的方法。在他看来，正是这一次次的挫折让他不断地逼近完美，一次次的失败最终让他成型的作品散发着迷人的光辉。

这位陶艺师的成功是多方面的，除了天赋外，我们看到的是他的坚持。这种坚持来源于他对挫折的理解，来源于对成功信念的不放弃。即便烧制一个自己心仪的陶瓷作品成功率是如此的低，但他坚信自己能够有看到完美作品的那一天，最终他的作品慢慢接近完美。

完美本不存在，但你可以尝试接近完美。若是一心想着求稳，不肯努力，更不肯直面挫折，那么你的人生就是一个随处可见的瓶子。但若是你将这些挫折看作完美的原材料，那么最终你一定能创造出惊世之作！

出生在贵族家庭的巴威尔·利顿爵士，原本完全可以凭借家族中的财富享受自由自在的奢华生活，但是他却选择了写作这样一个职业。众所周知，职业写作并不像外人想象的那样清闲，它完全是一个苦差事，还经常要熬夜，所以当时他的选择遭到了众多人的质疑。很多人认为他完全是哗众取宠，觉得以前没有丝毫文学才华表露出来的他只是为了满足自己的好奇心，体验一下生活而已。但是，只有巴威尔·利顿本人才知道他坚持这样做是为了什么。

经过夜以继日的煎熬，巴威尔终于创作了自己的首部诗集《草和野花》。然而，这部凝结着他心血的作品却被当时的文学界视为毫无价值。一位文学评论家甚至讥讽道："这就是真正的'杂草和野花'，巴威尔那个家伙还真是自不量力，以为凭一句'啊，美好的生活'就能够进入作家行列，实在是太可笑了。"

第一部作品的失败使得贵族出身的巴威尔成了当时文学界最大的笑料，但是他并没有选择放弃，而是将他人的批评看作是对自己的一种激励。于是，他继续埋头创作，过了一段时间后，他的首部小说《福克兰》问世了，令巴威尔感到沮丧的是，这又是一部失败的作品。在经过这次的打击后，一些看不惯他的人对他的嘲讽就变得更加肆无忌惮了，认为他根本不可能在文学上取得任何像样的成就。

可是，连续两次的失败并没有让倔强的巴威尔消沉，他仍然笔耕不辍，坚持写作。或许正是这种倔强让巴威尔的文字慢慢有了灵感，一年以后，巴威尔发表了自己的第三部作品《伯尔哈姆》，这部作品一问世，就得到了广大评论家及读者的好评，成为一本大家都津津乐道的好书。

从失败的阴影中走出来以后，巴威尔继续自己的文学创作之路。在以后的写作生涯里，他又发表了许多优秀作品，并为广大读者所喜爱。

爱默生说："每一种厄运，都隐藏着让人成功的种子。"在一次次的挫折中，巴威尔没有被挫折打败，而是在挫折中找寻到了正确的方向。

温室里的花朵即便再鲜艳，它也没有经历风雨后的花有魅力，一个不历经挫折的人，很难体会到百转千回后柳暗花明的喜悦。

挫折是成长之中的常态，它让强者穿越迷雾，也让弱者无所适从。无论一个人多么不愿意面对挫折，但是要想成就一番事业，就必须学会在挫折中默默地忍耐，学会在挫折中渐渐地辨明方向，学会在挫折中慢慢地积蓄力量。展望未来自会苦尽甘来，犹如鲲鹏展翼，扶摇直上。

不要被失败打倒

巴尔扎克说："挫折就像一块石头，对于弱者而言它是绊脚石，只能让人止步不前；对于强者而言，它却是垫脚石，让人站得更高，看得更远。"

失败是和成功相伴的，没有失败，人们就品尝不到成功的味道。然而失败也和痛苦相伴，这才是人们所不能接受的。实际上，失败并没有想象中那样可怕，如果你过度沉溺于失败带来的痛苦和挫败，那么你就永远找不到前进的方向。

失败并不意味着一无所有，它也可以看作是人生的一个警示牌，通过失败总结经验教训，改变对策，重整旗鼓，才能以更好的姿态拥抱成功。在失败中善于做一个"淘金者"，才能找到自己真正需要的东西。

在古苏格兰，有个国王名叫罗伯特·布鲁斯。在他统治期间，周边的那些部落总是企图入侵苏格兰，虽然他率兵奋力抵抗，但还是有6次输给了侵略军。身为国王，屡战屡败让他的自尊心受到了沉重的打击。一个王者不能守护自己的国家，屡次输给别人，这种痛苦让他不能自拔。

罗伯特不愿再去想侵略者，他只想摆脱这种痛苦。一天，他在茅屋里休息的时候，偶然看到了一只正在织网的蜘蛛。这个小东西一次次地将蛛丝缠到对面的墙上，但是却一次次地失败。罗伯特数了数，这只蜘蛛和自己差不多，已经经历了 6 次失败了。但是这只蜘蛛似乎并不知道失败的痛苦，仍旧不断尝试。终于，在第七次的时候它成功了。

罗伯特看后深有感触，他想：一只小蜘蛛都知道不断尝试，不断调整自己，我为什么不能这样做呢？于是他不再逃避，重新分析 6 次战败的经验，终于在第七次的时候打败了入侵者，守护了自己的家园。

如果将奋斗分成两部分的话，那就是守护和追求。人们有时会为了追求而奋斗，有时也会为了守护而奋斗。但失败不会在意你为什么奋斗，总会不合时宜地出来打扰你。若是你被失败吓怕了，妥协了，那你就正中了失败的下怀，任何消极情绪都不会希望你重新站起来。

如果换一个角度看：失败又有什么？大不了从头再来，一次失败不能否定你的能力，也不会让你变得比一无所有还要凄惨，只要豁出去，就可以战胜它！

看看那些伟人们吧，就算是刻骨铭心的失败，就算是深入骨髓的疼痛，他们也没有被这种阴影笼罩一辈子，因为他们知道，时间会让伤口愈合，时间会给自己反击的机会，时间自会解决一切。

我国古代有两名了不起的军事家，分别是孙膑和庞涓，他们年少时一起跟随鬼谷子学习兵法。因为鬼谷子隐居山中，所以他们平时和外界接触的机会不多，同窗情谊变得更为珍贵，他们甚至以兄弟相称。

他们从师几年后，魏国国君开始四处招贤求才，庞涓本就不喜欢山中的寂寞，想着自己也是时候一展才华了，便拜别了鬼谷子，下山入仕去了。而孙膑则认为自己学艺不精，还有很多东西要学，所以依旧跟在鬼谷子身边。

庞涓下山那一天，他对孙膑说："我们是八拜之交，情同手足。若是我能够在魏国闯出一片天，一定上山来迎你下山，和我一同建功立业。"就如庞涓预料的那样，到了魏国没多久，他就成了元帅，掌握了兵权。他率兵一次次地让周边的诸侯国臣服，名声大振。不仅人民拥戴他，就连魏国国君都非常敬重他。

就在庞涓建功立业的这段时间里，孙膑潜心研究兵法，有了突破性的进展，此时的他能力早已在庞涓之上了。魏国有人听说，马上报告国君，力荐孙膑。魏国正值用人之际，国君听说之后，便派人请孙膑下山。

听说魏国有人举荐自己，孙膑第一时间想到的就是自己的同窗庞涓，但事实并非如此，此时的庞涓因为功成名就，变得张狂自大了，他根本就没有想到过孙膑。当二人在朝堂上相遇之后，并没有预想中的那种感动，孙膑自是激动，但庞涓只是表面上的开心。他发现魏王很敬重孙膑，而孙膑显然比自己更有能力了，他不愿意孙膑在自己的身边，这样他地位迟早不保。

于是，庞涓假意让位，背地里却做起了手脚。他使计离间魏王和孙膑，让魏王误解孙膑，而他却装好人，一边安慰孙膑，一边又在魏王面前说他的不是。最终，孙膑被用刑削掉了膝盖骨。此时，孙膑才意识到自己被曾经的兄弟算计了。

庞涓陷害孙膑之后，并没有打算放他走，而是将他关了起来，想要套出他跟鬼谷子后来学的那些兵法。虽然被同窗陷害心里难过，但孙膑并没有沉浸在这种痛苦中，他不甘心就这样失败！为了出逃，他装疯卖傻，庞涓见孙膑已经疯了，料想也套不出什么有用的东西，便放松了警惕。

曾经举荐过孙膑的那个人不忍见孙膑过这样的生活，于是书信一封，将孙膑的能力和境遇报告给了齐国大将田忌。田忌觉得孙膑是个人才，就趁着庞涓不注意的时候救走了他。孙膑获救，为了报答田忌的救命之恩，也为了报仇雪恨，他辅佐田忌，不断进献良策。

最终，田忌和庞涓对战，孙膑用自己的计谋围困住了自大的庞涓，一雪前耻。而庞涓则因急火攻心，吐血身亡了。

不管怎么看待，失败都不会是一件快乐的事情，它会给人以挫败感，会给人各种伤痛。孙膑便是尝尽了这种滋味，被自己的同窗算计、陷害，甚至留下了终身无法痊愈的伤痛。但是他让自己的心愈合了，他相信，以自己的能力，绝对有反败为胜的机会，这次失败错在他看错了人、信错了人。所以在日后的对战中，他没有再犯同样的错误。

在一个地方摔倒了，与其回忆这个地方带给自己的伤痛，还不如想想在接下来的路上怎么避免相同的事情发生。你要相信，经历过失败的你比任何人都强大，失败不会将你打倒，未来更不会！

光明由心而生

是人都会做梦，既然是梦，也就意味着会有梦醒的时候。有人说，梦醒的时候是最难过的，因为暂时还看不到希望，但是也有人说梦醒时是最幸福的时刻，因为在梦醒之后就可以看到黎明的曙光。

不过，想要等到黎明前的曙光，首先要想办法度过漫漫长夜。这是一个艰难、漫长、备受"煎熬"的过程，同样也是一个必经的阶段。沉溺于自己的梦想不愿醒来的人是懦弱的，他们害怕梦碎的一刻；不愿去梦想的人是可悲的，因为他们无法享受到梦幻变成现实的欣喜。

黎明之前必然经历黑暗，因为有了黑暗，探寻光明的价值才会充分体现出来。黑暗只是实现梦想的必经之路，因为黑暗的侵袭而放弃希望的人，最终只会被黑暗所吞噬。相反，那些在黑暗中仍然仰望光明并孜孜以求的人，终究会把舞台前的那条黑色布幔拉开，看到色彩斑斓的宏图。

很多人都说盲人是弱势群体，但是她是无数个"中国盲人第一"的创造者：中国第一位女盲人钢琴调律师、第一位骑独轮车的盲人、第一位开卡丁车的盲人、第一位盲人跆拳道黄带选手、第一位加入世界杰出华人协会的盲人……很难想象这些成就是一位双目失明、患有先天性白内障的盲人所创造的。童年时，父母因她的先天性白内障而抛弃了她，但姥姥留下了她，并给予她全部的爱。姥姥用尽全部心力来培养她、教育她、磨炼她，是姥姥的支持让这个从小失明的孩子勇于面对困难，勇敢而坚强地一路走来。

实际生活中，她并不像大部分人想象的那样没有乐趣，在与人交往的过程中，她是一个乐观开朗、爱好广泛的人。她考取了深水证，跆拳道晋升到黄带，她还喜欢弹钢琴，骑独轮车，喜欢猫，也喜欢画猫。但作为一名盲人钢琴调律师，她在刚开始找工作时却处处碰壁，几乎所有人都不相信盲人还会调音。一架钢琴，8000多个零件，闭着眼睛一一触摸，再调出精准的音律，这听起来似乎是件不可能完成的事，但她最终却把这种不可能变成了可能。她凭借自己坚韧执着的精神、熟练的技术、严谨的工作态度，最终赢得了客户的信任和肯定，开创了事业的新天地，成立了中国第一家盲人调律网。

黑暗的存在就是为了衬托光明，然而这个世界上也有和故事中女孩那样从未见过光明的人。虽然他们的眼前一片漆黑，但是他们的心中却充满着光明。可见，光明由心而生。我们为什么不能多察觉一下阴影背后的阳光，对未来多一点希望呢？

记得诗人顾城的一首诗中有这样一句话："黑夜给了我黑色的眼睛，我却用它寻找光明。"的确，身处黑夜或困境并不可怕，可怕的是丧失斗志、放弃希望。人生的成功与否，其实在于心境，在于我们能否在黑夜中寻找光明。事实上，黑暗中我们还有很多事情可做，要从容，要淡定。

海伦·凯勒是一个生活在黑暗中却给人类带来光明的女性，一个度过了生命的88个春秋，却熬过了87年无光、无声的孤独岁月的女子。

然而，正是这么一个幽闭在盲聋的黑暗世界里的人，用顽强的毅力克服生理缺陷所造成的精神痛苦，成为哈佛大学的毕业生，并在大学期间和老师合作发表了她的处女作《我生活的故事》，讲述她如何战胜病残。这本书给成千上万的残疾人和正常人带来鼓舞，被译成50多种文字，在世界各国流传。

后来，凯勒到美国各地，到欧洲、亚洲发表演说，为盲人、聋哑人筹集资金，建起了一家家慈善机构，为残疾人造福，被美国《时代周刊》评选为20世纪美国十大英雄偶像。

二战期间，凯勒又访问多所医院，慰问失明士兵，她的精神备受人们崇敬。1964年她被授予美国公民最高荣誉——总统自由勋章，次年又被推选为世界杰出妇女。

所有的光明和黑暗其实都可以在转瞬之间调换。有梦可以做、有光明可以企盼的岁月是幸福的，这种岁月不分年龄，只要你对未来还有期待，那么你就有权期盼未来的岁月，你就还有时间等待曙光的降临。

我们每个人就好像是一叶扁舟，面对浩瀚的大海，显得如此渺小、孤独和迷茫。然而，每个人的心灵救赎最终还是要靠自己。我们依然要有所期待、有所探寻，期待熬过黎明前最冷最暗的黑夜，用自己的双手赢得未来。

在光明下欢笑是一种本能，而在黑暗中欢笑则是一种品质。学会在黑暗中探寻光明吧。

在成功的路上要多一点耐心

"冬天来了，春天还会远吗？"一句妇孺皆知的名言，多少年来给了多少人以等待的勇气。它教人们再耐心一点儿，再等一等，凛冽的北风很快就过去，河岸的杨柳很快就吐出新芽。

人生也是一样。也许此刻你正经历严冬，你瑟瑟发抖，不敢奢望未来从哪个方向向你投来春晖。如果你能够再多一点耐心，多一点坚韧，你怎么知道冰雪覆盖下的不是明年的春绿？春天也许会姗姗来迟，但迟早会到。

时间总是冷酷的，你催它也不会走快，你着急时它也不会放慢脚步。很多时候，我们唯一能做的就是耐心等待。如果你现在还没有足够的能力去迎接成功，那就只能等待你能力成熟的那一天。

在日本民间有一个流传了千年的故事。有两个老实巴交的渔民，一个叫大郎，一个叫二郎，两个人同样做着一朝成为百万富翁的梦。

有一天晚上，大郎做了一个奇怪的梦，梦见在小渔村对面的荒岛上有一个寺庙，庙里面种着七七四十九棵茶花，其中一棵开着鲜艳红花的茶花下埋着满满一坛黄金。

大郎第二天就划着小船去了对岸的荒岛。果然在岛上找到了一座寺庙，也见到了那四十九棵茶花。大郎满心欢喜，眼看现在已经是秋天，就只有等来年春天茶花开花的时候了，于是就住了下来。

谁知道，春风一吹，茶花开花了，清一色的淡黄色，没有一株是红色的。他询问庙里的僧人，他们都告诉他从来没有一棵茶花开过红色的花。大郎长吁短叹着离开了小岛，白白浪费了半年的光阴。

大郎回去后，跟村里的人说了这件事。二郎觉得那棵红色的茶花一定是存在的，于是也驾船出海了。二郎到小岛时也是秋天，遂住了下来。庙里的僧人告诉他不用等了，没有一棵茶花是开红花的，二郎并不以为然，还是愿意等等看看。

春天又来了，在淡黄色的茶花中，有一棵骄傲地吐出了红艳艳的生命。二郎高兴极了，沿着那棵茶花向下挖，果然挖到了黄金，从此变成了小渔村里最富有的人。

二郎的耐心等待等出了奇迹，而大郎则忘了把自己的梦想带入第二年的春天，于是两个人的命运被改写了。

等待虽然令人痛苦，让人觉得无从忍耐，但若是坚定了信念，相信自己的梦想，那么再痛苦的忍耐也可能变为享受。让忍耐升级为享受的人，正是你自己！

相信梦想并执着等待，下一个春天总会带给你奇迹和惊喜。在现实生活中，有多少大郎错过了自己的梦想，而有多少二郎愿意付出更多的忍耐和等候，最终与自己的梦想撞了个满怀。

春天是美好的，值得我们付出一切去见证。等待是一方面，审时度势，争取机会也是必不可少的。当春天出现在我们眼前的时候，一定要想尽一切办法抓住机遇。

有一位中国留学生初到加拿大，希望可以通过打工来赚钱完成学业。刚开始，他只是骑着一辆破旧的自行车到处找工作，帮人放羊、收庄稼、割草……什么重活累活他都干过。那段日子真是他生命中严酷的冬天。

有一天，他正在唐人街的一家中式餐馆帮人洗碗，偶然在报纸上看到了一则招聘启事。这是一则来自加拿大电讯公司的招聘启事，招收数名线路监控员，年薪 35000 加元。年轻人意识到自己留学生涯中的春天到了。他一定要拿下这个职位！

这位年轻人本身就很有能力，果然他在面试中一路过五关斩六将，眼看就要签订最终的协议了，招聘主管却出人意料地问他："你有车吗？会开车吗？"原来这份工作需要时常外出查看线路，如果没有车简直没法做。他初来乍到，手头又紧，怎么可能已经买车了呢？然而他深知这份工作机会不能错过，于是毫不犹豫地脱口而出："Yes！"

主管与他签订了协议，最后告诉他："四天后开车来上班！"

四天，对于一个没有车也没学过开车的人来说实在是太短了，但是话已出口，由不得他收回。于是，第二天他先去一位朋友那里借了 500 加元，在二手车市场买了一辆勉强可以开出门的甲壳虫，开始了他三天的学车生涯。

第一天，他向朋友请教了一些简单的驾驶技术；第二天他在朋友家的草坪上练习开车；第三天，他开着车歪歪扭扭地上了大马路。四天后，他开着车去公司报到了。

如今这个中国留学生已经是加拿大电讯公司的业务主管。

如果没有当时的毫不犹豫，恐怕这个影响他一生的工作机会就要溜走。他正是凭借超凡的勇气，勇敢地把握住了人生的春天。

有时候，成功喜欢与人捉迷藏，你越是寻它它越不肯出现，用姗姗来迟来考验人的耐心。在等待成功或者寻找成功的路上，我们必须多一点耐心。也许就是因为你多等了一秒钟，巨大的危机转变成了转机；也许因为你多回头看了一眼，发现了从前未曾发现过的新的路径；也许因为你多抱了一点希望，奇迹真的出现了。

时间不会因为你的焦躁而改变自己的步伐，这个时候，我们需要的就是耐心等待，耐心是给自己和成功的双重机会。在这个过程中，你可以休养生息，调整自己，说不定下一秒成功就会敲响你的大门。

变"危机"为"良机"

并不是每一个机会都是带着桂冠来我们身边的，有些机遇往往戴着危险的面罩，然而很多只看表面的人望而却步。那些善于思考的人，往往能变"危机"为"良机"。

2009 年，经济危机的影响将全面来临。与 1873 年、1929 年的经济危机不同的是，1873 年只是美国国内的经济危机，1929 年则是西方国家的经济危机，而 2009 年，是全球性的经济危机。

危机来临，股票狂跌、市场疲软、无数企业倒闭、工人失业、大学生就业困难，人们的生活陷入了混乱之中。但是，当危机肆虐的时候，难道我们就没有应对它的法宝了吗？答案是否定的。

从"危机"一词的组合中我们可以看出：危险中往往蕴藏着新的机会。那些善于思考的人，往往能变"危机"为"良机"。

这里有三个故事，也许会给今天面临金融危机的我们一些启发。

第一个故事：

从前有一座名城最繁华的街市失火，火势迅猛蔓延，数以万计的房屋商铺在一片火海之中顷刻之间化为废墟。有一位富商苦心经营了大半生的几间当铺和珠宝店，也恰在那个闹市中。火势越来越猛，他大半辈子的心血眼看毁于一旦，但是他并没有让伙计和奴仆冲进火海，舍命抢救珠宝财物，而是不慌不忙地指挥他们迅速撤离，一副听天由命的神态，令众人大惑不解。然后他不动声色地派人从家乡河流的沿岸平价购回大量木材、石灰。当这些材料像小山一样堆起来的时候，他又归于沉寂，整天逍遥自在，好像失火压根儿与他毫不相干。

大火烧了数十日之后被扑灭了，大半个城是墙倒房塌，一片狼藉。不几日，当地政府下令：重建这座城市，凡销售建筑用材者一律免税。于是城内一时大兴土木，建筑用材供不应求，价格陡涨。这个商人趁机抛售建材，获利颇丰，其数额远远大于被火灾焚毁的财产。

第二个故事：

有位经营肉食品的老板，在报纸上看到这么一则毫不起眼的消息：墨西哥发生类似瘟疫的流行病。他立即想到墨西哥瘟疫一旦流行起来，一定会传到美国，而与墨西哥相邻的两个州是美国肉食品的主要供应基地。

如果发生瘟疫，肉类食品供应必然紧张，肉价定会飞涨。于是他先派人去墨西哥探得真情后，立即调集大量资金购买大批菜牛和肉猪饲养起来。过了不久，墨西哥的瘟疫果然传到了美国这两个州，市场肉价立即飞涨。时机成熟了，他大量售出菜牛和肉猪，净赚百万美元。

第三个故事：

19世纪美国加州发现金矿的消息使得数百万人涌向那里淘金。17岁的小女孩雅木尔也加入了这个行列。一时间加州的淘金者面临着水源奇缺的威胁。人们大多数都没有淘到金，小雅木尔也未淘到金。可细心的小雅木尔却发现，远处的山上有水。她在山脚下挖开引渠，积水成塘，然后，她将水装进小桶里，每天跑几十里路卖水，不再去淘金，做没有成本的买卖，生意极好，可淘金者当中有不少人嘲笑她。许多年过去了，大部分淘金者空手而归，而雅木尔却获得了6700万美元，成为当时很富有的人。

任何危机都蕴藏着新的机会，这是一条颠扑不破的人生真理。很多时候看起来毫无价值的信息，在会思考的人心中就是一个好机会。受苦的人会把不幸当成人生的痛苦，而积极向上的人总是能把苦难当成自己飞得更高的财富。

给自己一个挑战自我的机会

美西战争爆发之时，美国总统必须马上与古巴的起义军将领加西亚取得联系。加西亚在古巴的大山里——没有人知道他的确切位置，可美国总统必须尽快得到他的合作。

有什么办法呢？

有人对总统说："如果有人能够找到加西亚的话，那么这个人一定是罗文。"于是总统把罗文找来，交给他一封写给加西亚将军的信。至于罗文中尉如何拿了信，用油纸袋包装好，上了封，放在胸口藏好；如何坐了四天的船到达古巴，再经过三个星期，徒步穿过这个危机四伏的岛国，终于把那封信送给加西亚——这些细节都不重要。

重要的是，美国总统把一封写给加西亚的信交给罗文，罗文接过信之后并没有问："他在什么地方？"而是积极主动、全力以赴地完成任务——"把信送给加西亚"。

阿尔伯特·哈伯德所写的《把信送给加西亚》一书首次发表是在 1899 年，随后就风靡了整个世界。不仅是因为每一个领导都喜欢罗文这样的下属，更因为每一个人都从心底佩服罗文式的员工，佩服这个主动挑战任务的人。现代企业，迫切需要罗文，需要具有责任心和自动自发精神的好员工！而我们的人生，也同样渴望罗文精神。

彼得和查理一起进入一家快餐店，当上了服务员。他俩的年龄一样，也拿着同样的薪水，可是不久，彼得就得到了老板的褒奖，很快被加薪，而查理仍然在原地踏步。面对查理和周围人的牢骚与不解，老板让他们站在一旁，看看彼得是如何完成服务工作的。一位顾客进来要一份面。

彼得微笑着对顾客说："先生，你愿意在面中加入一个还是两个鸡蛋呢？"

顾客说："哦，一个就够了。"

这样快餐店就多卖出一个鸡蛋。在面中加一个鸡蛋通常是要额外收钱的。

看完彼得的工作后，经理说道："据我观察，我们大多数服务员是这样提问的：先生，你愿意在你的面中加一个鸡蛋吗？而这时顾客的回答通常是：哦，不，谢谢。对于一个能够在工作中主动解决问题、主动完善自身的员工，我没有理由不给他加薪。"

其实这个道理很简单：比别人多努力一些、多思考一些，就会拥有更多的机会。

对很多人来说，每天的工作可能是一种负担、一项不得不完成的任务，他们并没有做到工作所要求的那么多、那么好。对每一个企业和老板而言，他们需要的绝不是那种仅仅遵守纪律、循规蹈矩，却缺乏热情和责任感，不够积极主动、自动自发的人。

工作需要自动自发，而那些整天抱怨工作的人，是永远都不会"把信送给加西亚"的，他们或者出发前就胆怯了；或者遇到苦难而中途放弃；或者弄丢了这封重要的信，害怕惩罚而逃走；或者被敌人发现，背叛写信人。这样的人是非常狭隘的，其人生又能有多广阔？

其实，我们每个人都可以把自己的目标当成一次"把信送给加西亚"的任务，这是一次挑战自己的机会，也是实现自我、突破自己的机会。

敢做就会有收获

其实人世间好多事情，只要敢做，多少会有收获。尤其是在困境中，如果能拿出视死如归的勇气，必能化险为夷，任何困难都将迎刃而解。

在非洲的塞伦盖蒂大草原上，每年夏天，上百万只角马从干旱的塞伦盖蒂北上迁移到马赛马拉的湿地，这群角马正是大迁移的一部分成员。

在这艰辛的长途跋涉中，格鲁美地河是唯一的水源。这条河与迁移路线相交，对角马群来说既是生命的希望，又是死亡的象征。因为角马必须靠喝河水维持生命，但是河水还滋养着其他生命，例如灌木、大树和两岸的青草，而灌木丛还是猛兽藏身的理想场所。冒着炎炎烈日，口渴的角马群终于来到了河边，狮子突然从河边冲出，将角马扑倒在地。角马群扬起遮天的尘土，挡住了离狮子最近的那些角马的视线，一场厮杀在所难免。

在河流缓慢的地方，有许多鳄鱼藏在水下，静等角马到来。有时湍急的河水本身就是一种危险。角马群巨大的冲击力将领头的角马挤入激流，它们若不是淹死，就是丧生于鳄鱼之口。

这天，角马们来到一处适于饮水的河边，它们似乎对这些可怕的危险了如指掌。领头的角马慢慢地走向河岸，每头角马都犹犹豫豫地走几步，嗅一嗅，叫一声，不约而同地又退回来，进进退退像跳舞一般。它们身后的角马群闻到了水的气息，一齐向前挤来，慢慢将"头马"们向水中挤去，不管它们是否情愿。

过了三个小时，终于有一只小角马"脱群而出"，开始饮水。

为什么它敢于走入水中,是因为年幼无知,还是因为渴得受不了?那些大角马仍然惊恐地止步不前,直到角马群将它们挤到水里,才有一些角马喝起水来。不久,角马群将一头角马挤到了深水处,它恐慌起来,进而引发了角马群的一阵骚乱。然后它们迅速地从河中退出,回到迁移的路上。只有那些勇敢地站在最前面的角马才喝到了水,大部分角马或是由于害怕,或是无法挤出重围,只得继续忍受干渴。每天两次,角马群来到河边,一遍又一遍地重复着这"仪式"。一天下午,一小群角马站在悬崖上俯视着下面的河水,向上游走100米就是平地,它们从那里很容易到达河边。但是它们宁可站在悬崖上痛苦地叫,却不肯向目标前进。

生活中的你是否也像角马一样?是什么让你藏在人群之中,忍受着对成功之水的渴望?是对未知的恐惧,害怕潜藏的危险,还是你安于平庸的生活,放弃了追求?大多数人只是远远地看着别人成功,自己却忍受干渴的煎熬。不要让恐惧阻挡你前进,不要等待别人推动你前进。只有勇于冒险的人才可能成功。要知道,成就和风险是成正比的。世界上很少有报酬丰厚却不要承担任何责任的事。怕担风险,只会让自己和成功无缘。

苹果电脑公司是闻名世界的企业。大家只知乔布斯是苹果电脑的创办人,其实30年前,他是与两位朋友一起创业的,其中一名叫惠恩的搭档,人称美国最没眼光的合伙人。

惠恩和乔布斯是街坊,大家都爱玩电脑,两人与另一朋友合作,制造微型电脑出售。这是又赚钱又好玩的生意,三个人十分投入,并且成功制造出"苹果一号"电脑。在筹备过程中,用了很多钱。这三位青年来自中下阶层家庭,根本没有什么资本可言,大家四处借贷,请朋友帮忙,惠恩只筹得1/10的资本。不过，乔布斯没有怨言，仍成立了苹果电脑公司，惠恩也成为小股东，拥有 1/10 的股份。

"苹果一号"以 660 美元出售，原本以为只能卖出一二十台，岂料大受市场欢迎，总共售出 150 台，收入近 10 万美元，扣除成本及债项，赚了 4.8 万美元，惠恩只分得 4800 美元，但当时已是一笔丰厚的回报。不过，惠恩没有收到这笔红利，只是象征性地拿了 500 美元作为工资，甚至连那 1/10 的股份也不要，急于退出苹果电脑。

苹果电脑后来发展成超级企业，如果惠恩当年就算什么也不做，单单继续持有那 1/10 股权，今时今日，应该有也会 8 亿～10 亿美元的身价。事实上，乔布斯的另一位搭档，也是凭股份成为亿万富翁的。

为什么惠恩当年愿意放弃一切？原来他很怕乔布斯，因为对方太有野心了。后来他向传媒说："为什么我要马上离开苹果公司，要回 500 美元就算了？因为我怕乔布斯太过激进，日后可能会令公司负上巨额的债，那时我也要替公司负上 1/10 的责任！"转念间，惠恩终生与财富绝缘。

勇气是人生的发动机，勇气能创造奇迹，勇气能战胜一切困难。试想，如果我们事事都能拿出破釜沉舟的勇气和决心，那么世间还有什么困难而言！

第九章
拥有平和的心态，才能专心地做好眼前的事

任何时候，都要保持稳重，是一个人成就大事的法宝，人只有懂得冷静，才能拥有平和的心态，安心把事情做好。比起躁动不安，心如止水更有助于我们做出正确的决策。人唯有拥有平和宁静的心态，才能稳步前进，一步一个脚印地走向人生之巅。

古人说，"静心以养性，宁静以致远"，在浮躁的社会中，涵养一点静气，更容易胜出，以静制动，动中求静，方能稳操胜券。有平和心态的人，方能成就大业，因为他不会被杂念牵绊。在人心浮躁的社会中，保留一分平和是非常难得的，这种从容自若、气定神闲的姿态非常人所有，需要经过不断的修养、磨炼，才能达到。

人还是稳健一点好

我们常用坚若磐石、稳若泰山来形容一个人不可动摇的意志，那么磐石和泰山为何如此坚实稳固呢？它们为何历经风霜雨雪的侵蚀，饱受岁月的磨砺，依旧能岿然不动？主要是因为它们根基足够稳固，有了稳定的根基，便永远都不会轰然倒下。其实人也一样，一个人若是懂得冷静，拥有持稳的个性和坚不可摧的意志，那么无论经历多少风浪都不会被撼动。

不可否认的是，懂得冷静，历经起起落落，依旧稳若泰山的人，都是饱经忧患之人。少不更事的年轻人是很难做到这一点的。年轻和激进常常被联系在一起，很多人认为，谁没有过狂热激进的青葱岁月，谁就没有过青春。当然激进有激进的好处，比如敢于冒险，敢于大跨步探索，可是激进也有副作用，比如不假思索地做出激进的举动之后，蒙受了巨大的物质损失或是遭受了沉重的精神打击。无知无畏状态下的激进，有时会把人带入万劫不复的深渊。

坦白来说，人还是稳健一点好，稳健意味着可控性增强，意味着能以平和的心态应对一切挑战。人的成长就是一个由激进到稳健的过程。每个人青春少年的时候，都有过一段激进的岁月，不知道天高地厚，以为整个世界都在自己脚下，等到跌倒无数次爬起之后，心态就会平和许多，行为也会收敛很多，这是时间、阅历送给我们最好的礼物。

　　李璐从小就渴望走出封闭的小县城，看看外面的世界。长大之后，他如愿以偿地走了出去，却再也找不到回家的路。自从来到繁华的大都市，他就彻底迷失了。他不甘心永远这么不名一文，每天都在想该如何快速地出人头地。

　　李璐认为他一无所有、一无所长，除了思想激进，什么都敢尝试外，几乎没有任何优势。除了自主创业，他想不出更好的发展方向。他的朋友吴俊达也打算创业，想要筹资开一家餐厅。虽然都想创业，两人的想法却截然不同。吴俊达采取的是稳健保守的策略，计划先到餐厅打工，把各个流程全部熟悉之后，再尝试自己开餐厅。李璐不认可他的想法："等你把各环节弄清楚了，黄花菜都凉了，你为什么不一边创业一边积累经验呢？"吴俊达："我觉得先了解情况再创业比较稳妥，免得日后走弯路，什么都不懂就开始蛮干，不知要做多少蠢事呢。"

　　李璐说："这也难怪，你比我大8岁，人比较老成，做事趋于保守，喜欢稳扎稳打。我和你不一样，我没有耐心等到万事俱备再行动，没有条件我自己创造条件也要上，就算创造不出条件我也要上，我没有那么多时间去等待，必须马上大干一场，赢要赢得轰轰烈烈，输也要输得痛痛快快。"

　　就这样，吴俊达利用打工时间摸索开餐厅的道路时，李璐已经开始放手大干了，他将父母二十多年的积蓄悉数拿来作为创业资金。在市中心的繁华地段开了一家高档时装店。他以为仅凭借一腔热情和不惜一切的蛮干精神，就能换来事业的成功。然而事实却不容乐观，刚开业的时候，由于竞争激烈，他的生意并不好。服装店盈利能力比较差，店铺租金贵，服装进货成本高，几乎月月亏损，不到半年就歇业了。

第一次创业，李璐血本无归，瞬间陷入了贫困潦倒的境地，不得不住地下室、吃盒饭，日子过得凄凄惨惨。有一天，他在地下室里观看新版《三国演义》，播放的内容是诸葛亮最后一次出祁山，设下埋伏将司马懿父子围困在山谷中，眼看就要把劲敌烧死，孰料忽然天降大雨，使得计划功亏一篑。诸葛亮仰天长叹："天不助我，助尔曹！"看到这里，李璐不禁涕泪横流，霎时把自己创业失败的经历和诸葛亮的壮志未酬联系到了一起。他想一个人纵使再有本事，若是时运不济，一样会输得很惨。

当他把这份心得分享给好朋友吴俊达的时候，吴俊达不以为然地说："这和时运没有什么关系，你太冒进了，做事欠缺考量，这才是你创业失败的原因。"一年之后，李璐仍然待在地下室里吃盒饭，吴俊达的餐厅开业了，生意非常火爆。李璐这才相信吴俊达一再强调的稳健策略，不再为自己的失败做任何辩解了。

任何时候，都保持"八风吹不动"的稳重，是一个人成就大事的法宝，人只有懂得冷静，才能静得下心，安心把事情做好。比起躁动不安，心如止水更有助于我们做出正确的决策。人唯有拥有平和宁静的心态，才能稳步前进，一步一个脚印地走向人生之巅。

能忍也是一种能力

一个人要想有所作为，必须有韧性有耐力，能够忍受别人所不能忍之痛，承受生命所不能承受之重，关键时刻能咬紧牙关、懂得冷静，以超乎想象的毅力战胜一切苦厄。能忍也是一种能力，正所谓仁者无敌，河蚌忍受了沙粒的磨砺之苦，孕育出了光彩夺目的珍珠；生铁忍受了千锤万凿的捶打和炼火的煅烧，才成为了寒光凛凛的锋利宝剑；蝉忍受了数十年不见天日的黑暗，才拥有了短短几十天的光明，谱写出了生命最美的赞歌。人亦如此，唯有在隐忍中奋进，不抛弃不放弃，才能走向胜利的终点。

当你身无所依，一无所有，没有任何资本的时候，唯一可依仗的就是忍功，前方的道路不可能铺满鲜花，倒可能布满荆棘；你的脚下没有坦途，只有坎坷崎岖的羊肠小道，稍不留神就有可能迷失；这一路没有掌声、笑声相伴，却可能遭遇不少非议和白眼。这些遭遇都是不可避免的。没有人可以随随便便改写命运，想要有所成就，就必须懂得冷静，受得住煎熬，经得住考验，能够把苦难孕育出果实。

刘宏裕和王炎斌从小在同一个街区长大，前者出身商贾世家，自幼锦衣玉食，所有的路都被父母安排好了，自己用不着奋斗，就已经有了很高的起点；后者家境贫寒，10岁时，母亲到大城市打工，从此再也没有回来，他和父亲相依为命，日子过得十分清苦，勉勉强强读完了大学，毕业之后找到了一份普普通通的工作，成了办公室里的一名小职员，所得的薪水勉强够糊口。

刘宏裕曾经问王炎斌："这些年你是怎么熬过来的？没有母亲的陪伴，没有一个完整的家，家里又那么穷，毕业之后又找不到好工作，未来一点希望都没有。如果我是你，非疯掉不可。"王炎斌淡淡地笑笑说："我也没有什么法子，就这样咬牙熬过来了。除了忍耐力强以外，我没有别的本事。"刘宏裕说："忍算什么本事。能不忍就不忍。人本来就是趋乐避苦的，谁愿意甘心忍受痛苦呢？我只想随心所欲地活着，避开一切我不想要承受的事。"王炎斌叹息着说："也许你有那样的条件，但我没有。我唯有把自己磨砺得更顽强，才能更好地活着。"

　　按常理说，刘宏裕未来的发展要比王炎斌强得多，可事实并不是这样。刘宏裕由于从小到大从未经历过挫折，承受能力特别差，遇到一点困难就退缩，导致长期止步不前。后来他的父亲做生意折了本，没有能力再为他提供任何援助了，他只能靠自己了。他的老板由于和他的父亲有生意上的往来，一直对他照顾有加，如今两人合作关系终止，老板对他的态度越来越差，随时都有可能将他赶出公司。刘宏裕气不过，一怒之下便辞职了，本想回到家族企业工作，不料父亲却不允许，理由是家族企业已经在走下坡路了，也许坚持不了多久就会破产。父亲鼓励他自谋出路，他委屈痛苦至极："我不想灰头土脸地找工作，不想像货物一样被人挑选，那样的日子我过不了。"此后的日子，他每天借酒消愁，成了人人所不齿的酒鬼。

　　王炎斌经过数年的奋斗，由一个默默无闻的小职员晋升到了管理层，生活得到了极大的改善。有一天，他在街上偶然遇到了失魂落魄的刘宏裕，看到对方颓废到那般境地，不由得感到难过。刘宏裕感慨道："想不到你小子熬出头了，而我却落魄到了这般地步，唉，这真是造化弄人啊。我不像你，能够在逆境中倔强生存，什么苦都能吃，我不行，我从小就是在蜜罐里泡大的，经不起风吹雨打，我想这辈子也就这样了，我怕是永远也振作不起来了。"王炎斌安慰他说："不要那么悲观，糟糕的日子咬咬牙就过去了，有道是否极泰来，只要你不放弃自己，随时都可以从头再来。"刘宏裕没有那么乐观，他太了解自己了，如今他不再对未来抱任何希望，只想把所有的烦恼溺死在酒精中。

　　陷入逆境，不能沉着，不愿忍受磨砺之苦，永远不能蜕变成长。要想挣脱生命的枷锁，扼住命运的咽喉，就不能任由自己软弱，要有咬碎钢牙和血吞的决绝，敢于砸碎束缚住自己的铁链，在绝望中寻找希望，在逆境中寻找新的契机，奋战到底，直至取得最后的胜利。

有的人认为只有命运不好的人，才需要历经艰难困苦，奋斗不息，条件优越的人来到这个世界上就是为了享乐，根本不用承受磨难，这种观点是不对的。没有人生来就该受苦，也没有人生来就该享福，条件再好，同样也要忍受生老病死之苦，人生既有顺遂之时，也有失意之时，谁又能轻轻松松潇洒一辈子？你只有练就了坚韧的品性，能忍别人所不能忍，才能成功渡过一个又一个难关，到达常人所不能到达的高度。

学会随遇而安

达尔文说，"物竞天择，适者生存"，告诫我们一定要主动适应环境，而不要强求环境来适应我们。人生在世，总有些事情是我们所不能掌控的，客观世界到处都有不可抗拒的力量，有时候我们必须学会适应，学会随遇而安。但凡懂得冷静的人皆能随遇而安，无论身处何种境地，都能安之若素，而不能沉着的人则没有勇气面对不可更改的现实，只好随波逐流。

随遇而安和随波逐流是两种截然不同的选择。前者能以超然的心态坦然接受不利的处境，在任何境遇中都能自得其乐，后者只得随潮流而动，盲目地追随众人的脚步，没有自我、没有独立的人格，自甘平庸。能够随遇而安的人就像蒲公英，风把它吹向哪里，它就在哪里落地生根，不管周围的土壤有多么贫瘠，也不管光照、湿度如何，它总能开出花来；倾向于随波逐流的人就像飘舞的柳絮、漂浮的浮萍，随风起起落落，随流水漂荡不休，永远都找不到扎根之地。

杨乐姗是一个非常开朗活泼的女孩子，既爱讲笑话又爱唱歌，经常把大家逗得哈哈大笑。这种人见人爱的甜心，在所有人眼里都是活宝，是很容易被记住的。无论是老板还是主管，都对她青睐有加，每当公司举办活动，第一个想到的人就是她，平时聚会，最活跃的人也是她，无论她走到哪里哪里就有欢声笑语。

王娅楠的性格和杨乐姗截然相反，她平时少言寡语，不苟言笑，中午吃饭的时候总是一个人默默坐在不起眼的角落里，存在感非常弱。入职大半年了，很多同事都不知道她的名字。她每天安安静静地做事，像老黄牛那样任劳任怨，刚刚完成任务，领导又交给她一大堆工作来做，她二话不说就开始埋头做事，从不计较谁做得多谁做得少。其实她是一个很有灵性的女孩子，只是没人发现而已，她对业务特别熟悉，只要是与业务相关的知识她都了若指掌。

由于不爱说话，性格太过老实，王娅楠没有受到应有的重视，为此她十分苦闷。杨乐姗能力平平，除了会搞笑以外，并不擅长什么，工作上拈轻怕重，没有什么过人的表现，即便如此，她仍然是大伙眼里的甜心。王娅楠觉得这很不公平，她这才意识到默默无闻的老实人从来就不是主角，而风风火火的霸道总裁、漂亮聪慧能说会道的女白领，头上都有光环，而勤勤恳恳、默默耕耘的老实人连配角都算不上，最多算是跑龙套的。

王娅楠忿忿不平，觉得老实人永远都不会被善待，于是决定随波逐流，不再老老实实地干，要效法杨乐姗那样少干活多说话，把所有人哄开心。她想如今这个世道就是这样，油滑的人通常能混得风生水起，默默苦干的人不管奋斗多少年，都不能与之相提并论，既然如此，她又何苦坚守自我，干脆也变成滑头好了。王娅楠花了很多时间来研究杨乐姗，把对方的搞笑本领全部学了过来，做事越来越不上心。她的确赢得了关注，以前同事都不爱搭理她，现在全聚在她周围听她讲搞笑的段子，她成了公司里除杨乐姗之外，第二个搞笑高手。

转眼两个月过去了，老板终于找她谈话了："小王，你现在比以前开朗多了，不像原来那么压抑了，这是好事。可是不知为什么，你做事不如原来卖力了，你能向我解释一下具体是什么原因吗？"王娅楠便找了一些托词搪塞老板，以为可以蒙混过关。然而老板毕竟见多识广，顷刻便拆穿了她的谎言："小王，你没有说实话。我真为你感到惋惜。你是个很有潜力的员工，以前虽然不爱吭声，但总能把该干的活干好，把事情交给你做我很放心，本来打算提拔你做总经理助理，可惜你现在不在状态，我只能另外物色人选了。"

王娅楠一听后悔不已，她原以为自己的付出老板从来都没放在心上，没想到她所做的一切老板都看在眼里，她后悔没能坚守住自己，眼看着大好的机会白白溜走。

智者随遇而安，愚者随波逐流。人若是缺乏随遇而安的智慧，就会陷入无休止的挣扎，永远惶惑茫然。懂得随遇而安的人是有福的，这样的人无论经历过多少浮浮沉沉，见过多少风云变幻，都不会被磨难压垮。不甘于随遇而安，一心想着随波逐流，违背内心，完全遵从世俗，就会丧失独特的个性及自身独有的芬芳，沦为丝毫没有任何特点的庸人。

要做到临危不乱

明代吕得胜说过："一切言动，都要安详；十差九错，只为慌张。"意思是人在慌乱的情况下，往往错漏百出，诸事不成，唯有懂得冷静，冷静镇定，方能使事态向有利的方向发展。可见一个人能不能经受住考验，日后能否有所造就，要看他关键时刻，能不能稳住阵脚、随机应变。

面对突发事件和紧急情况，你是否懂得冷静，做到临危不乱呢？怕是大多数人都做不到这一点。有的人遇到一点小事就慌慌张张，不知所措，仿佛世界末日来临了一样，遭遇重大变故，当然更慌乱了，根本就无法应对危机。很多时候，打败你的不是突如其来的变故，也不是从天而降的危机，而是你的紧张和慌乱。心越慌，你越想不出应对之策，越着急步伐越凌乱，反而会使问题更加复杂化。

费鸿和胡睿在同一家集团公司上班，两人都已人到中年，好不容易坐到了中层管理者的位置，收入到了中产水平。孰料天有不测风云，公司发展进入了瓶颈，眼看就要被收购了。老板一边积极寻找投资人，希望能力挽狂澜，一边做好了最坏的打算，四处寻找买主。那段时间公司里人心惶惶，四处弥漫着紧张压抑的气息，费鸿跟平常一样，照常上下班，胡睿则慌了神，整天心绪烦乱，根本没有心情做任何事了。

终于有一天，老板正式宣布公司将被竞争对手全盘收购，届时免不了要经历改组、裁员的阵痛，希望大家不要太过慌乱，只要是人才经过大浪淘沙的筛选之后，都能留下来。胡睿心想：新的老板只信任企业内部的核心员工，根本不可能重用原来的领导层，他铁定是要被裁掉了。一想到人到中年还要到人才市场上找工作，他就心烦不已，觉得以他现在这个年龄，找到理想工作的概率几乎为零。为了保住饭碗，胡睿费尽了心思，平时邋里邋遢的，现在忽然讲究起来，把自己装扮成了西装革履的商务人士，他极力想给新老板留下一个好印象。

两个月后，大规模的裁员开始了，下岗的人越来越多，办公室越来越宽敞，氛围越来越冷清。很多人都跳槽了，留下来的人暂时没有更好的去向，大部分持观望态度，随时准备离开。胡睿心想不到万不得已，他是不准备离开的，他已经过了黄金年龄了，如今仍处在不上不下的尴尬位置，若是再换一个天地怕是很难适应了。每当看到同事被解雇，收拾东西黯然离开的时候，胡睿的心情都无比复杂，他在庆幸之余，又感到分外紧张，生怕下一个轮到自己。

胡睿每天提心吊胆、心神不宁，每每看到别人离去，心中都会生出一种兔死狐悲的悲怆感，作为旁观者，他受了不少打击，整个人都憔悴了。他不明白费鸿为何还能如此镇定地继续做事，于是就在午餐时间直言不讳地问道："你为什么仿佛置身事外似的，一点也不关心周围的情况，难道你不担心自己被裁掉吗？"费鸿不动声色地说："担心有什么用呢？我们现在唯一能做的就是在一天就做好一天的工作，其他的交给老天吧。""你冷静得可怕，真是太让人难以理解了。你我基本上算同龄人，咱们都不年轻了，现在到人才市场上竞聘，一点优势也没有。我真搞不懂，都到火烧眉毛的时候了，你为什么还那么淡定？"胡睿说。"不淡定又能如何呢？你慌里慌张就能成功渡过难关吗？人只有在冷静的状态下，才能想出更好的法子啊。"费鸿说。"你一直都挺冷静的，想出什么法子没有？"胡睿试探着问。

"我想我们应该好好表现，让新老板看到我们的价值，争取留下来。"费鸿说。对于胡睿来说，这是条无效建议，他的心思早就不在工作上了，整天都在为不可预测的未来担忧。他猜测得没错，新老板一来，公司的领导层就实现了大换血，原来的中高层几乎全被裁掉了，他本人也下岗了，只有费鸿被留了下来。原来新老板在接手公司之前，派了不少工作人员混迹于公司内部观察情况，所有人都一致认为，费鸿面对危机，处变不惊，是干大事的料，故费鸿成了唯一留下来的管理人员，并被当作了重点培养的对象。

每临大事有静气，是一个成功者必备的素质。一个沉着冷静的人，在危难到来时，往往能急中生智，做出惊人之举。美国的萨利机长在两具引擎同时熄火，发动机完全失灵的情况下，将飞机成功迫降到哈德逊河河面上，避免了空难悲剧的发生，机上155名乘客和工作人员全部生还，这是飞行史上的奇迹。面对存亡攸关的大事，少有人能像萨利机长那样处变不惊，保持理智和从容，所以能转危为安、逢凶化吉的人，自古以来就寥若晨星。这也许就是平庸者众、卓越者少的根本原因吧。

思考是一种静态的力量

著名作家乔治·克里斯托弗·利希滕贝格曾经告诫人们："永远不要忙得没有时间去思考。"现代人都特别忙碌，忙得没时间好好坐下来吃一顿饭，忙得没有时间静静发一次呆，忙得没有时间思考自己究竟为何而忙碌。这是非常可怕的，因为忙来忙去，很有可能劳而无功，或是一直都在原地打转，呕心沥血的付出没能换来任何成果。

由于经不住浮华世界的诱惑，顶不住现实的压力，人们越来越浮躁不安，越来越不能沉着，活得忙碌而麻木，丧失了思考的意愿和能力。许多人惧怕看到真相，惧怕忙碌背后的空虚，故意拒绝思考，整日逼迫着自己像机器一样不停地运转，试图以此掩盖所有的不安。偶尔闲下来的时候，才发现原来自己仍在原地踏步，兜兜转转又回到了原点，一切都是瞎忙、白忙。

懂得沉着冷静的人，大多喜欢思考，因为他们深知现在不思考，便会陷入无休止的忙碌，还会让自己陷入持久的盲目。思考赋予人灵性、智慧及力量。拥有思考能力，是人和动物的根本区别所在，也是人成为万物之灵的根本原因。

人在不能沉着的时候，往往不屑于思考，或是本能地抗拒思考，因为急于要用行动证明自己，急于用漫无目的的忙碌提升自身的价值。结果往往适得其反，不仅找不到自身的价值，反而陷入了无休止的恐慌和空虚中。

著名小说家米兰·昆德拉说："人类一思考，上帝就发笑。"说的是过度的思考，会把自己弄得痛苦不堪，上帝之所以发笑，是在嘲笑人类的愚蠢。许多人认为停下来静静地思考，是出不了生产力的，想法本身不能转化成价值，浪费太多的时间思考，就会错失行动的良机。这种观点有一定的道理。过度思考的确不可取，可完全不思考，更加不可取。

林志安有一次和朋友谈心时，朋友忽然大发感慨地说："我觉得现在的生活太可怕了，我们这么忙，忙得连思考的工夫都没有了。"林志安笑笑说："你这话多少有点危言耸听，忙碌有什么不好？我们忙碌说明公司需要我们，社会需要我们，只有退休的老年人才落得悠闲，因为他们不再被别人需要了。"朋友又说："你不觉得我们越来越像机器了，不知道自己为什么活着，只是日复一日地旋转，这难道不可悲吗？"林志安不以为然地说："你干嘛那么多愁善感啊，还说自己没时间思考，我看你是思考过度，想得太多了，这样充实地活着有什么不好？"

光阴荏苒，斗转星移，转眼一年过去了。朋友虽然很困惑，但依旧没有停下奔波的脚步。林志安却被迫提前闲下来了，因为病痛。辗转病榻的日子，他想了很多，反复回味那次跟朋友之间的谈话。他忽然变得迷茫起来，不知道自己这么多年来究竟为何操劳、为何奔忙。上学的时候，他披星戴月地寒窗苦读，是为了考上一所好大学，考上好大学是为了得到一份好工作，有了好工作以后他仍忙碌不休，为前程忙个没完，可是有了好前程又怎样呢？在生意场上钻营，在办公室里忙碌，换来的又是什么？他真的感到幸福吗？如果感到不快乐不幸福，忙碌的价值又在哪里呢？

经过一番思考，林志安认为人生的终极目标就是舒心、快乐、幸福，其他的都是次要的。人活着必须要有追求，不能麻木不仁地混日子，也不能只顾奔前程，最重要的是不能太过世俗，一定要让生命绽放出属于自己的光彩。大病初愈之后，林志安彻底改换了精神风貌，他不再麻木被动地忙碌了，开始试着享受工作的乐趣，享受生命的每一天，他不再热衷于钻营和利益的争夺，把精力放在了更有意义的事情上，每天下班他都不忘陪伴孩子度过一段甜蜜的亲子时光，致力于寻回失落的亲情。

学会思考以后，林志安内心更加坚强了，他找到了人生的意义，领悟了生活的真谛，活得更加充实快乐了。

思考是一种静态的力量，不能沉着的人当然不喜欢思考，因为他们急于动起来。事实上，没有思考，就没有有效的行动。思考会使人突破自身的局限，变得清醒而强大。法国哲学家帕斯卡尔说："人是会思想的芦苇。"芦苇是非常脆弱的东西，狂风过境，纷纷披靡，人类亦是如此，任一场天灾人祸都可置人于死地。可是因为有了思考的能力，人类便成了智慧的生物，有能力预防和阻抗厄运，能采取积极有效的行动，步步为营地达成目标。最重要的是有了思考的能力，人类便有了更高层次的追求，不满足于眼前的苟且，不局限于现有的生活，能活出全新的自我。

多一点耐心就会出现转机

人生的际遇是很奇妙的，有时你沉下心，多等一分钟、一小时或是一天，结局就有可能有所不同。这就好比等车的经历，若是连一点耐心都没有，怕是一辆车都搭乘不上。很多时候，你错过一次又一次机遇，不是因为造化弄人，也不是因为上帝故意跟你开恶意的玩笑，有意让你和重大机遇擦肩而过，而是因为你不能沉着，没有耐心，在事情出现转机之前就调转了方向。

我们都非常熟悉"否极泰来"这个词，它指的是一个人倒霉到了极点，事态往往会向好的方向转化。可是很多人等不到否极的那一刻就放弃了，当然不可能等到泰来了。生活中这样的例子比比皆是：一个销售员平均被拒绝30次才能成功签订一笔订单，很多人在被拒绝29次后放弃了；一个刚走上社会的大学生平均被拒绝 20 次才能找到一份相对稳定的工作，很多人在被拒绝 19 次后放弃了。也就是说，只要再多等一会儿，再坚持一次，结果就会截然不同。

在你处于低谷的时候，在你感到灰心绝望的时候，先不要让自己倒下，耐住性子再等等，也许无需等待太久，奇迹就会发生。深陷困境，谁都会烦躁不安，在这种时候，你必须静下心来，再多等一会儿，也许危机背后就是转机。

战乱时期，有一位商人为了避难，把所有的家产换成了几张价值数百万元的珍稀邮票，将其小心翼翼地藏在了一把油纸伞的伞柄里，然后乔装成了平民百姓，准备投奔老家的亲友。旅途中他受尽了舟车劳顿之苦，时值盛夏，骄阳似火，他又困又倦，半途在茶馆里打了一个盹，睡醒之后发现桌上的雨伞不见了。

他四处向人打听有没有看到一把油纸伞，神情无比慌乱，人们都很诧异，一把雨伞而已，丢了再买一把，何必那么着急呢？他连忙解释说，这雨伞是旧物，对他有特别的意义，他必须要找到它。人们好心劝他，不要白费力气寻找了，来茶馆里喝茶的人很多，怕是某个人顺手牵羊拿走了，茫茫人海到哪里寻找，要找到偷伞的窃贼，岂不是比在大海里寻针还难么？

商人不甘心，那可是他全部的家当、毕生的积蓄，不能白白丢了，这些话他又不方便明说。心情平复以后，他开始分析当前的形势，发现随身携带的包裹没被动过，断定那个盗伞之人不是惯犯，很有可能只是顺手牵羊拿走了，说不定那人就是附近的居民。抱着最后一丝希望，商人在附近租了房子，住下来。他现在只剩下一点盘缠了，只能住廉价的房子了。

安顿好了以后，商人购买了各类修伞工具，摇身一变成了一名修理工，不过除了雨伞之外，什么都不修。他默默地等待着，希望那个盗伞贼能出现在自己眼前，将那把油纸伞物归原主。一天天过去了，他记不清自己修好多少把雨伞了，那把油纸伞始终没有出现，那个不知其名的盗贼就好像人间蒸发一样，始终不见踪影。商人琢磨着再这样下去，他连房租都要交不起了，到时很有可能露宿街头，沦落成乞丐。天下还有比他更倒霉的人吗？百万富翁沦落成修伞匠，又由修伞匠沦落成乞丐，以后的日子真的不堪设想。他觉得自己简直倒霉到了极点。

在最艰难的日子里，商人没有放弃，他决定再等等看。他发现雨伞如果太过破旧，完全不值得一修时，人们会毫不犹豫地购买新伞。于是想出了一个主意，在摊位上摆出了"旧伞换新伞"的招牌。起初人们很犹豫，不相信这种以旧换新的好事，有几个贪便宜的人大胆尝试了一次，果然用破伞换来了完好无损的新伞，人们这才放心来换伞。没过多久，一个中年人带着一把破旧的油纸伞现身了，商人一眼认出了自己当年丢失的那把伞，他激动得险些昏厥过去，不过表面上依然很平静。他像什么事情都没发生一样，默默地递上一把新伞，接过那把令自己朝思暮想的旧伞。待中年人离去后，他马上从伞柄中取出邮票查看，看到那几张价值连城的邮票后，心中的一块大石总算落了地。

商人得了邮票后，迅速离开了。后来亲戚做生意亏了本，他把自己的故事原原本本地讲给对方听，不无感慨地感叹道："先别绝望，再等等看，也许过不了多久事情就会出现转机。我当年就是这样安慰自己的。我差点失去一切，好在我等到了那把伞。"亲戚受到了鼓舞，耐着性子继续坚持了一段时间，半年后市场情况好转，生意渐渐好起来，不但弥补了之前的亏损，还大赚了一笔。

也许你认为等待是消极的、被动的，与其傻傻地等待，不如主动出击或是果断放弃，有时事情不是这样，等待并不意味着坐以待毙，它指的是懂得冷静，多拿出一点耐心，静观局势的变化，在时机最有利的时候再果断出击。客观因素是你无法左右的，你只有等到雨过天晴之后，才能顺势而为，扭转局面。有时候安静地等待比无谓的挣扎更有用，等到最黑暗的日子过去了，你就能迎来黎明的曙光。

让躁动的心安静下来

久居喧嚣的闹市中，人们往往喜动不喜静，似乎忘记了安静也是一种能量。如今懂得冷静，潜下心来，享受静谧的人越来越少了。很多人都想制造出一点响动，对周围产生一点影响，要么忙于应酬，要么奔走于各种交际场，被欲望牵引着忙碌不休，早已忘记了做事的初衷，甚至本末倒置，放弃了脚踏实地的努力，一心想着走捷径。懂得冷静的人不会把时间浪费在酒场聚会上，潜下心来钻研，因为他们相信"静而后能安，安而后能虑，虑而后能得"，认为静比动更能催人奋进。

无论是做人还是做事，过于躁动，就显得轻浮和浅薄，懂得冷静，方令人觉得厚重和可靠。古人说"静以修身""非淡泊无以明志，非宁静无以致远"，静能让人自省，使人心无旁骛，更好地专注于当下。静的力量是不可小觑的，一滴水滴落的时候不会发出太大的声响，时间久了，却能把檐下的石板凿穿；一粒种子看起来非常不起眼，发芽时无声无息，可它却能把致密的头盖骨撑开。同理，懂得冷静的人，往往比那些聒噪的人、为名利疯狂的人，身上潜藏的能量要足，因为他们把力量都消耗在对的事物上了，不为任何事分心，所以更容易在某个领域做出成就。

有些人认为静等同于木讷，在现代社会，必须认识更多有头有脸的人物，到处散发名片，在酒桌饭桌上，于觥筹交错中凝聚感情，才能获得更多的收益。安静的人不知道怎么为自己聚集社会资源，怕是奋斗一生，也不会有什么好结果。事实似乎是这样，但又不尽然。如果你在别人眼中没有分量，无论怎么积极奔走，怎么攻于社交，都不可能把这份无足重轻的交情转化成自己的资源，一切的努力都是枉费心机。与其如此，还不如静下心来，认认真真做好自己该做的事，自己成全自己。

李熠是一个非常内向的人，只知道埋头做事，在社会上摸爬滚打了三年，连崭露头角的机会都没得到。同学对他说："你不能再这样下去了，必须让自己动起来，多印发一些名片，让更多的人认识你，这样才能为自己争取到更好的平台。"李熠认为同学说得有道理，立即印了上千张名片，像发传单一样见人就发，同学劝阻道："你不能乱发名片，必须想办法让一张小小的名片换来最大的效益，最好把它递到大人物手上。"

李熠立刻领会了，从此开始有的放矢地分发名片。干了这么多年采编，他没有写出一篇像样的东西，早就产生了转行的想法。他想写书，做梦都想成为著名的作家。目前，他最大的问题是自己籍籍无名，没人看好自己写的东西，缺乏出版渠道。他认为只要搞定出版社的编辑，一切都不会成其为问题。为了见到出版社的主编，他足足等了一个钟头，然后诚惶诚恐地递上了名片。主编接过了名片，说以后会抽空看看他的作品。

转眼一年过去了，主编依旧腾不出空，李熠写的东西他一个字也没有看。在长达一年的时间里，李熠先后接触过不少有头有脸的人物，有的是编辑，有的是图书策划师，有的是杂志社的老总，他以为结识了这些人物，自己的命运就会为之改变。每每提及这些人物，他脸上就会流露出自豪的表情，逢人便说："××，我认识，前些日子我们还一起喝过酒。"如果对方不相信，他就会掏出手机，让对方给××打电话询问，以此证实两人确实有交情。其实他和那些人不过是点头之交，只是在一起吃过几次饭喝过几次酒而已，并没有人把他当成朋友。

有一天，同学问："既然你认识这么多大人物，为什么不提出书的事啊？"李熠这才想起了出书的事情："哎呀，我整天忙着应酬，都快把正事忘了。"于是，他便带着作品四处求人，那些人大多敷衍了事，根本无心翻阅他写的东西，只有杂志社的老总答应找时间看看，刚看完一页就看不下去了："文字太粗糙了，不适合在杂志上连载。"李熠赔着笑脸，希望老总看在往日交情的分上，给他一个机会，对方并不买账："你的东西写得不行，我怎么能破例给你连载呢？这和我们是不是有交情无关，我不能因为你降低杂志的质量。"李熠感到无比失望，那位老总在他起身告辞之前，给了他一个忠告："我劝你静下心来好好练练笔，别把时间花费在跟人吃吃喝喝上，搞文字创作的人必须有安静的气质才能成事，像你这么浮躁，能写出什么好东西来呢？"

动起来很容易，静下心却很难，你有足够强的定力，才能安守一份静谧。真正胸中有丘壑的人，大都懂得静水流深的道理。静水下的世界往往深不可测，人亦如此，安静深沉的人，体内往往蕴藏着大智慧和大能量。抑制住躁动的心，安放好自己的灵魂，不沉迷于表面的喧嚣热闹以及没有价值的社交，静静地做好自己喜欢的事，经营好现有的生活，往往能收获更多。

身有静气才不会与人争斗

有人认为只要有竞争存在，人与人之间就注定要争斗不休，因为竞争的本质就是利益的争夺，狭路相逢勇者胜，谁能笑到最后，谁就能成为最大的赢家，获得更好的生活。故，人与人之间的争斗是古往今来必有的剧目。那么，果真如此吗？只有参与争斗，才能保障自己利益不受损，才能赢得更加美好的生活吗？

当然不是。但凡懂得冷静的人，都不会相信这样的观点，是否卷入纷争，参与各种争斗，完全是你自己的选择，你若不喜欢与人争，没有人会逼迫你那么做。有些人之所以喜欢钩心斗角，是因为自己不能沉着，并非是被环境所迫。身有静气，懂得冷静的人，通常不屑与人相斗，其心境就像一首小诗里描述的那样："我和谁都不争，和谁争我都不屑。"不争不斗，是一种境界，更是一种智慧，唯有放弃无聊的明争暗斗，方能专注笃定，把事情做到极致。事实上，热衷于争斗的人，大多成不了大器，因为他们把过多的精力放在了惹是生非上，没有心思静下心来做事了。与人争斗是一件非常劳神费心的事，它会占用你大部分的精力，让你力不从心，所以任何领域的顶尖人物都不是热衷于争斗的人，他们忙正事都忙不过来，哪儿有时间耍弄心机呢？

胡嘉月是一个非常独特的女子，在人们固有的印象里，所有业绩好的销售人员都热衷于鼓弄三寸不烂之舌，气势咄咄逼人，推销产品时常不自觉地流露出侵略性和紧迫感，不给客户留余地，急着催促别人下单。胡嘉月却不是这样，她娴静得体，没有任何攻击性和侵略性，说话语调平缓，丝毫听不出急切的感觉，然而就是这样一个安静斯文的姑娘，销售业绩一直都是最突出的。每月月末总结的时候，胡嘉月都遥遥领先。

胡嘉月气质宁静，没有争斗意识，她从未把谈生意当成唇枪舌剑的战争，只想着把好的产品、好的服务提供给客户，让双方达成共赢。对外她的态度是这样，对内也是这样。在销售部，业务员经常为了争抢大客户而斗得头破血流。客户的潜力和财力，直接决定业务员的业绩和收益，在事关利益的问题上，大家全都互不相让，内部争抢订单的事情时有发生，这就造成了很大的内耗。胡嘉月从来就不参与纷争，假如上司没有把好的客户分配给她，她就自己主动开发新客户，因此从未与人起过争执。当齐娜插着腰向主管告状，说胡嘉月抢了她的客户时，主管根本就不相信。齐娜非常生气，气势汹汹地说："那个客户是我最早接触的，如果不是胡嘉月半路杀出来，我早就把订单签下了，她这样做太不地道了。"主管说："既然你最先接触了这名客户，率先与客户签订订单的人应该是你，而不该是别人，客户宁愿跟最近接触的人签单，也不愿与你签单，这说明你工作方法有问题。"

"这怎么能怪我呢？明明是胡嘉月抢单。"齐娜气得脸都扭曲了，嚷嚷着要跟胡嘉月对质。为了息事宁人，主管只好把胡嘉月找来问明情况。胡嘉月说："客户从未在我面前提过齐娜的名字，我不知道她事先跟客户接触过，若是知道，绝对不会跟单的，这是我做事的原则。现在既然客户已经签单了，我们就不能毁约了，理应给人家发货。为了保障客户的权益以及部门的利益，我们应该遵照合约办事。既然这个客户是齐娜的，那么就让她继续为这位客户服务好了，我不会计较的，业绩算在齐娜头上吧。"

　　胡嘉月的深明大义令主管分外感动，后来她主动给胡嘉月介绍了几个客户，算是对她的一种补偿。胡嘉月并没有因为让出一个客户而吃大亏，反而有了更多的收获。齐娜没能凭借自己的诚意和口才打动客户，却平白得了一单，表面看是占了便宜，其实不然，她失去的远远比她得到的要多。她没有把精力放在提升自身业务水平上，过于热衷于投机取巧和钩心斗角，能力一点长进也没有，业绩始终不上不下。为了多签几个订单，她费尽了心思，有时故意把谈不下来的客户让给同事，事后又责怪对方抢单，利用各种手段逼迫对方跟自己平分提成。尽管机关算尽，她的业绩还是远远落后于胡嘉月，所得的不过是蝇头小利罢了。

　　能成就你的，永远不会是那些明争暗斗的伎俩，与其浪费时间争斗，不如花精力完善自身，多做一些有意义的事。其实你最大的敌人是自己，而不是别人，战胜自我，完善自我，努力做到更好，你就成了技压群雄的强者，根本就不需要把任何人绊倒。